本に足りない軍事力

江畑謙介

青春新書
INTELLIGENCE

はじめに

予想される脅威に備える

「予想される脅威に対して備えておく」というのが、国家、政府に課せられた安全保障・軍事上の最大の義務である。

もちろん、あらゆる想定される脅威に対して、万全な備えをしておくということはできない。次のような条件に支配される。

①経済的制約
②技術的制約
③政治的制約

経済的制約は「ない袖は振れぬ」というもので、予想される、あるいは現在直面している脅威に対応するための装備や部隊を持ちたくても、財政的にできない状態である。しかし、これは工夫のしようであって、万全でなくても（元来どんなものにも万全、完璧ということはありえない）、財政的に可能な範囲で脅威に対抗できる手段を持つのは不可能ではない。

日清戦争前に、日本は財政が苦しく、一方、清国はドイツ製の東洋最大最強と称せられ

東洋最大最強とされた清国海軍の戦艦「鎮遠」と「定遠」（上）に対抗するために、日本は三景艦（写真下は「厳島」）を建造したが、実際には戦術の工夫で勝利を得た。

た「定遠」「鎮遠」という二隻の軍艦を有し、日本に寄港させて威容を見せつけ、精神的に圧倒、屈服させようとした。現在でいえば、北朝鮮が日本周辺の海に弾道ミサイルを撃ち込んでみせるようなものである。当時、日本が持っていた軍艦は、最大の艦でも「定遠」の半分程度で、搭載している大砲は「定遠」級が持つ三〇センチ砲四門にとてもかなうものではなかった。そこで、日本は三二センチ砲を搭載する戦艦（海防艦）三隻をフランスに発注したのだが、大きさは「定遠」の七四〇〇トンの六割にも満たない四二〇〇トンで、しかも各艦に一門しか搭載できなかった。船型が小さいためであり、その一門の主砲も、横に向けると船体が傾くという有様であった。通称「三景艦」と呼ばれた「松島」「橋立」「厳島」の三隻であるが、結果として清国海軍との艦隊決戦である黄海海戦で、この日本海軍の主力艦三隻の主砲はほとんど役に立たなかった。代わりに清国海軍の艦に肉薄して、三景艦をはじめとする日本海軍艦艇に装備されていた小口径の速射砲を使って敵艦に多数の弾を撃ち込む方法で、相手を沈没させないまでも、その戦闘力を失わせて勝利を得た。

ここに経済的制約による不足を、装備と部隊の工夫で補おうとする努力と、その運用を工夫する方法で、技術的な劣勢を補った一例を見る。必要とされる、ないしは、その脅威に対応するには理想とされる装備を国内で開発するのは、自国の技術レベルから不可能でも、あるいは政治的や経済的な条件から外国からの入手ができなくても、自力で作れる装備や、外国から入手できる（売ってもらえる）装備で、何とか脅威に対応できるような工夫は可能なはずであり、またそうすることが、国家、国民の生命財産を守るべき当事者の義務である。

政治的制約条件も、工夫の仕方によっては多くの障害を克服できるはずである。第一次世界大戦後から第二次世界大戦の間、列強と呼ばれた世界の先進国では、軍備競争の中心であり、また戦略バランスの主たる要素となった主力艦（戦艦）と航空母艦（空母）、さらには戦艦を補助する巡洋艦や潜水艦（補助艦）の保有数や大きさを制限する海軍（制限）条約を締結した。史上初の軍備制限条約となったワシントン海軍軍縮条約（戦艦の保有を制限）と、それに続くロンドン海軍軍縮条約（補助艦を制限）である。これにより列強（英、米、日、仏、伊：ただしロンドン条約から仏、伊は脱退）の大型艦の保有数と大きさが制限されたが、日本は対米六割という保有量（実際は排水量の合計数）の劣勢を補うために、技術的な工夫を凝らした。その中には無理を重ねて、結果的に船として不安定になったり、強度上の無理が生じたりした例もあったが、とにかく、政治的制限（国際条約）を技術的な工夫でカバーしようという努力をした。それが条約期限明けに、さらなる軍備競争をもたらすきっかけに、ひいては第二次世界大戦に至ったにせよ、このような工夫と努力が直接的に第二次世界大戦の原因になったわけではない。

頭上を飛び越えられて初めて気付いた弾道ミサイルの脅威

そのような制限がないか、あまり大きくないのにもかかわらず、予想される脅威に対して対策を講じなかったとしたら、それは政治、防衛担当者の怠慢以外のなにものでもない。すなわち、国と国民の安全を真剣に考えていなかったと叱責されるべきものである。

一九九三年五月、北朝鮮は新型弾道ミサイル、米国が「ノドン」というコードネームで呼ぶミサイルの発射実験を行い、能登半島沖二五〇キロの日本海中部に着弾した。当時、日本ではこの発射を探知できる能力がなく、米国から教えてもらって、実験から数日後に初めてそれを知ったのだが、国内では一時的に大騒ぎにはなったものの、当然、その米国からの情報を確認する手段もなく、いつしか北朝鮮の弾道ミサイルの脅威に対する関心は薄らいでしまった。北朝鮮がスカッド改B（北朝鮮名は火星（ワソン）5号）を基に、独自の改造で射程を二倍に延ばしたスカッドC（同、火星6号）を開発し、一九九〇年代初めには東シナ海に向けて試射を行い、イランとシリアに輸出している事実は世界に知られていた。さらに北朝鮮の推測される戦略から考えるなら、スカッドCの開発で北朝鮮は済州島を含む韓国全土を攻撃できる弾道ミサイルを得たことになり、当然、次は在日米軍基地と自衛隊の基地を狙って、あるいは、日本の都市そのものを攻撃するために、日本全土、それも最大級の米軍基地がある沖縄まで攻撃するなら、最低でも射程一三〇〇キロ、実用上からは一五〇〇キロの弾道ミサイルを持つと予想するのは軍事的常識であった。日本（の為政者と防衛担当者）は一九八〇年代の後半から、遅くとも九〇年代の初期から、北朝鮮が早晩、日本全土を射程に収める弾道ミサイルを開発、配備するはずと予想し、備えておくべきであった。それが、一九九三年中期まで何の具体的な手段も講じていなかった。

　それどころか、一九九三年五月のノドン発射の衝撃は、すぐに「喉（のど）もと過ぎ」てしまい、日本が次に、そしてようやく本気で北朝鮮の弾道ミサイルの脅威を感じ、対策を考えるようになったのは、五年後、一九九八年八月三一日に北朝鮮が「白頭山」ロケットで、「光明星1号」人工衛星の打ち上げを試み（人工衛星の軌道投入には失敗した）、そのロケット・

ブースター（二段目）が日本本土（本州北部）の上空を通過して太平洋に落下するという事件が起こってからである。

日本が北朝鮮弾道ミサイルの脅威への対策を真剣に考えるようになったのは、テポドン1（写真）に頭上を飛び越されてからであった。

ここに至り（自分の頭上を通過されてはじめて）、日本の為政者、防衛担当者、国民は北朝鮮が日本全土を攻撃できる弾道ミサイルを持った事実に気づき、大慌てで弾道ミサイル防衛システムの導入に着手した。とはいえ、それまで日本独自でその種のシステムの開発を行ってきたのではないから、米国システムの緊急導入と、その一つであるスタンダードSM-3迎撃ミサイルの能力を大幅に高めるという、日米共同研究開発に着手するにとどまっている。だが、それまでに五年の歳月が空費されてしまっていた。

巡航ミサイル防衛と今になって気付いた長距離攻撃能力の欠如

弾道ミサイルの脅威に続いて、一九九〇年代からは巡航ミサイルによる脅威も懸念されるようになってきた。巡航ミサイルの警戒と迎撃は、弾道ミサイルの場合とは、全くと言

巡航ミサイル（左）の脅威が迫っているのは事実だが、その防衛にステルス性に優れるF-22ラプター戦闘機（右）でなければならない理由はない。
［Boeing］［Lockheed Martin］

ってよいほど異なる技術（システム）が必要となる。この技術は最近に至るまであまり進歩せず、また現在でもなお低空を飛来するステルス性に優れる巡航ミサイルの探知と迎撃は難しいのだが、ロシアや中国が巡航ミサイルの開発に力を入れ、諸外国にも輸出されている現状を見るなら、日本はすでに本格的な巡航ミサイル防衛の対策を考え、着手しているべきであったろう。

　巡航ミサイル防衛は、前述のように、最近まで技術的問題からあまり進展していなかったので、現在の日本にその能力がないとしても、一概に日本の為政者や防衛当局を責められるものではない。しかし、後れをとることは許されない。その防衛手段は、例えば、高速巡航能力があり、低空を飛ぶ巡航ミサイルを探知できる能力に優れる戦闘機のF-22ラプターでなければならないというものではない。巡航ミサイルの防衛に、その迎撃を行う自身（戦闘機）がステルス性を持つ必要性はない。「巡航ミサイル防衛に必要だから」というのは、航空自衛隊の次期戦闘機F-XとしてF-22を選定する理由にはならない。本文で述べるように、巡航ミサイル防衛に効果的な戦闘機や、それと連携するAWACS（早期警戒管制機）など、他の手段はいくらもあるし、その方が全体として効率が良い（安くすむ）可能性も大きい。ここはまさに、財政的な制約を「使い方の工夫」で補う能力が求められる分野であろう。

巡航ミサイルの早期探知も、早期警戒管制機のような航空機である必要はない。長時間哨戒機能は気球や飛行船の方が優れている。早期探知ができない限り、有効な防衛（迎撃）はできない。

弾道ミサイル防衛の必要性に目覚め、防衛システムの導入を開始した日本だが、その早期警戒（弾道ミサイルの発射の早期探知）は米国の早期警戒衛星からの情報に頼るしかない。だが二〇〇八年中期時点で、日本にはまだ独自にその種の衛星を打ち上げる計画がない。技術的に難しいのは事実だが、さらにこれまでは経済的、技術的にはできても、「宇宙の平和利用」という国会決議による政治的制約条件に縛られて、実用化のめどがつかなかった。二〇〇八年になり、宇宙基本法の制定で、早期警戒衛星のような防衛目的にも宇宙が利用できる道が拓かれたが、早期警戒衛星に頼らなくても、比較的早期に二四時間警戒態勢を実現できる手段もある。ニア・スペースと呼ばれる高高度に早期警戒用のレーダーや赤外線センサーを搭載した無人飛行船を上げる方法で、長期間に渡り継続的な監視活動ができるし、人間が乗っていないから、相手国にかなり接近させることも可能であり、運用経費も安い。政治的制約を技術的工夫で回避できる（かもしれない）分野の一つであろう。

日本は、北朝鮮が弾道ミサイルを発射する前に、その基地や発射機を破壊できないかという議論が出て、その能力が全くないという現実にも気づくようになった。

第2章で述べるように、実際的な（技術的な）話として、弾道ミサイルの発射基地や発射台を、ミサイルが発射される前に破壊するのは、現在でも、そして近い将来でも極めて難しいのだが、それはともかくとして、日本には遠方にある地上・地下の目標を攻撃する能力を持っていないというのが現実である。それは、日本が自衛隊の役割として、また（政府独自の）憲法解釈から、日本が持ちうる自衛力の限界として、この種の長距離攻撃能力を持たないように「自粛・自制」してきた結果に他ならない。

現実には長距離攻撃能力は簡単に得られるものではなく、さらに世界各国から警戒心を抱かれる可能性もあるので、軽々にそのような能力の保持という政治的方針を打ち出すべきではないだろう。だが長距離攻撃能力がないということは、「抑止力」としての防衛力の半分の要素（効果）を欠いているということでもある。

欠けている対地攻撃能力と具体化しない統合作戦能力

長距離（陸上目標）攻撃能力の欠如どころか、我が国には対地精密攻撃能力すらない。

これは防衛省・自衛隊の怠慢に帰される問題だが、航空自衛隊は陸上自衛隊に対する航空支援を全く考えてこなかった。海上自衛隊も洋上から陸上自衛隊部隊に対する火力支援を行おうという考えがなかった。せいぜい陸上自衛隊部隊を輸送艦で運ぶくらいだったが、その輸送艦も陸上自衛隊のヘリコプターを運用できるように設計上の配慮がされていなかった。航空自衛隊の輸送機は、陸上自衛隊の空挺部隊の輸送や、一部装備の空輸の訓練は行っていても、その輸送したあとの陸上自衛隊部隊に対する対地攻撃機（支援戦闘機）による緊密な近接航空支援を行うつもりはまるでなかった。航空自衛隊は一応、対地攻撃用のロケット弾、爆弾、クラスター爆弾などは装備していても、陸上自衛隊部隊の火力支援要求に応じて精密な対地攻撃を行う訓練は実

航空自衛隊は「支援戦闘機」という戦闘爆撃機を装備してはいるが、対艦攻撃が主任務で、陸上自衛隊地上部隊に対する支援という運用構想はほとんどない（写真は主翼下に対艦ミサイルとロケット弾発射機を搭載したF-1支援戦闘機）。

インド洋津波災害支援派遣で輸送艦「くにさき」に、プラスチック・カバーをかけて「露天繋留」されて運ばれていく陸上自衛隊のCH-47J。［防衛省］

施していない。陸空合同演習の訓練を実施したくても、それができる演習場が日本にはないというのも事実だが、そのために何とか工夫、現状を改善しようという努力がされた様子はない。要するに、やる気がなかった。

自衛隊が「統合運用」の掛け声を唱えるようになって久しい。二〇〇五年度からの中期（五カ年）防衛力整備計画では統合運用体制を具体化するために、従来の陸海空三自衛隊の代表者（幕僚長）の寄り集まりに過ぎなかった統合幕僚会議を改編して、実質的な三自衛隊部隊の統合的運用を可能にさせる統合幕僚監部として、統合幕僚長に大きな部隊運用権限を持たせたと説明されているが、二〇〇八年中期時点になっても、その効果が現れてきた様子は、少なくとも国民の目からは見えない。

統合運用といいながら、具体的な施策が実施されてこなかった事実は、装備の面からも見てとれる。典型例がインド洋津波災害の救難支援活動で、海上自衛隊の「おおすみ」型輸送艦の「くにさき」は陸上自衛隊のCH-47ヘリコプターを艦内に収容できず、上甲板（ヘリコプター甲板）にプラスチックの防錆皮膜をかけ、露天繋留して運んで行かねばならなかった。

自制・自粛の犠牲とされたパワープロジェクションと宇宙戦能力

冷戦後の世界の軍隊で、必要性が認識されたもう一つの分野にパワープロジェクション能力がある。適訳がなく、「兵力投入」と書くとおどろおどろしい印象を与えるが、パワープロジェクション能力とは、何も戦闘目的だけの軍事力の投入ではない。そこに軍隊を展開できるという能力を持つことだけで、自国の（その国にとって正当と考えられる）権益を保護できる抑止力を発揮できるし、何より、冷戦後の世界では、国際的な平和執行・維持活動、人道支援活動において、軍隊やその他の政府機関、NGOなどの組織を海外に展開させる手段として、この機能が極めて有力であるという認識が高まり、事実、インド洋津波災害救援に代表されるように、多くの機会で実証されてきた。

ところが、我が国は、既に指摘したように、「保持しうる自衛力の限界」や「他国に脅威を与えない」などの自制、自粛政策から、いざ、このパワープロジェクション能力が必要とされる世界情勢になると、対応できないという現実に直面するはめになった。

パワープロジェクション能力は確かに「侵攻能力」「他国に脅威を与える能力」と、人道支援、国際貢献に寄与しうる能力と表裏一体のものである。だからといって国際的に求められ、また世界の軍隊にとって一種、義務と考えられるような能力が求められる時代になっても、自制、自粛という理由が通用する（それで、世界が納得して、認めてくれる）と考えるのはあまりに手前勝手であろう。要はそのパワープロジェクション能力をどう使うかであって、この能力が他国への軍事的攻撃に使えるのと同時に、平和維持・人道支援にとっても有力である点は世界が等しく認めている。それを認めていない（知らない）のは日本国民だけだ、と言っても過言ではないだろう。そうした、遠距離での軍事力、ないしは軍隊が持つ多用途性を効果的に活用するには遠距離通信、情報収集手段が不可欠である。その多くが宇宙空間の活

パワープロジェクション能力は侵攻能力、他国に脅威を与える能力と、人道支援、国際貢献に寄与し得る能力と表裏一体のものである。 [U.S. Navy]

用、つまり人工衛星の活用に依存している。

自衛隊は統合運用と共に、ネットワークを中心とする戦い（NCW）の重視も謳っている。NCWが統合運用を可能にすると断言しても間違いではない。そのためには移動通信機能が不可欠で、それは多くの場合通信衛星に依存せざるをえない。高高度で通信中継を行う長時間滞空型の無人機や無人飛行船などを活用するという方法もあるが、地球を半周するような遠方からの情報収集や情報伝達では、衛星に期待するしかない。実際、衛星の利用、換言すれば宇宙空間の利用なしには、現在の防衛、軍事は不可能なのだが、日本はこの分野では極めて遅れている。

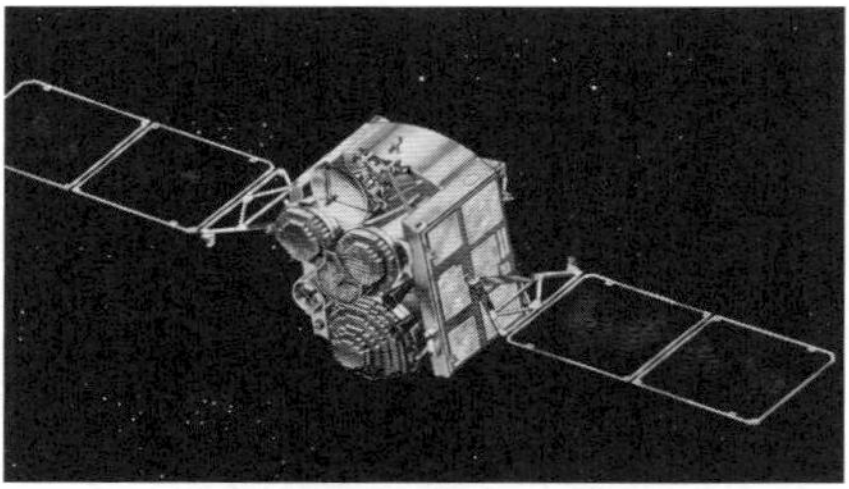

自衛隊は専用の通信衛星すら持たず、ネットワークを中心とする戦いに対応できる態勢にない。（図は米空軍のDSCSⅢ通信衛星）　［USAF］

認識が薄いサイバー戦への準備

その情報の確実な伝達とは、NCWの基本に他ならない。当然、情報、通信回線を巡る戦いである「サイバー戦」が重要になってくる。実際のところ、この分野はまだ国際的な法的規範がほとんどない。全世界を繋ぐ情報ネットワークを妨害したり破壊したり（機能を停止させたり）する行為が国際法上どのような意味を持つのか、世界はまだ国際条約などで一定の基準を規定するような段階にはほど遠い状態にある。ＥＵはネットワークを使った国際的な犯罪（それにはウイルスの投入などによる情報の盗み出し、ネットワーク機能の妨害なども含まれる）を取り締まる条約を定めたが、我が国を初めとする多くの国は、まだそれに加盟や批准をする状態に至っていない（二〇〇八年中期現在）。情報ネットワークは全世界を結んでいるので、すべての国が加盟し、同レベルの規制を行わない限り効果がない。

ネットワーク中心の戦いではサイバー戦が重要な課題になるが、その必要性に関する概念は日本ではまだ薄く、サイバー攻撃を行えるような法的整備もない。
［Northrop Grumman］

　このため、攻防両方の技術を常に研究開発し、その能力を高めておくしかない。それには高度な秘密保持と研究体制が必要とされる。秘密保護の基本法すらない日本で、ひそかに高額の研究実験費を投じてサイバー戦に備える態勢が作れるものだろうか。自衛隊は防衛大臣直轄の「指揮通信システム隊」を二〇〇八年三月二六日に発足させ、この部隊はおそらく、防衛・軍事分野でこうしたサイバー戦の中心を担うものと推測されるが、その具体的役割や能力などは当然発表されていないし、また前述のように公表すべきものではないだろう。

しかし、二〇〇〇年代に入ってからでも、防衛省や自衛隊に数々の情報漏洩、情報管理弛緩のような事件が起こっている状況を見ると、はたして自衛隊にどれだけ本格的な、本腰を入れたサイバー戦能力が備わりうるものか、大きな不安を禁じえない。サイバー戦はすでに陸海空・宇宙戦と同等の重要な作戦分野である。そのための法的整備や態勢の構築は焦眉のものとなっているが、国民の目から見る限り、政府、政治家、防衛省、自衛隊の認識はかなり危機感を欠いているように思える。

繰り返すが、予想される脅威に備えておくのが国家、為政者、防衛担当者の義務である。

日本に足りない軍事力　目次

はじめに

第1章　弾道・巡航ミサイル防衛（弾道ミサイルの防衛力強化と巡航ミサイル防衛）

第2章 長距離攻撃能力

第3章 空対地精密攻撃能力

第4章 パワープロジェクション能力

第5章 宇宙戦・サイバー戦能力

本文ＤＴＰ　センターメディア

第1章

弾道・巡航ミサイル防衛

（弾道ミサイルの防衛力強化と巡航ミサイル防衛）

現代の大きな脅威――弾道ミサイルと巡航ミサイル

弾道ミサイルと（長射程）巡航ミサイルは、現在も将来も大きな脅威（兵器）とされている。「弾道ミサイル」「巡航ミサイル」と言ってもいろいろな種類があるが、弾道ミサイルとは、石を放り投げた時のように放物線を描いて飛翔するミサイルを、巡航ミサイルは、その飛翔行程の多くを地面や海面と並行に飛ぶミサイルを指す。

「ミサイル」と「ロケット」の区分は確定していないが、一般にミサイルとは誘導装置が付いている飛翔体で、（推進装置の方式には関係なく）使い捨ての無人兵器を意味する場合が多い。ロケット（弾）は、誘導装置を持たず、推進装置に液体ないしは固体燃料型のロケット・モーター（エンジン）を用いる、使い捨て式の無人兵器を指すことが多い。

通常型爆弾の尾部に、INS（慣性誘導装置）とGPS誘導装置を組み合わせた誘導機構を装備して、精密攻撃ができる（高い命中精度が得られる）ようにした爆弾（米国製はJDAM（ジェイダム）と呼ばれる）も開発されているが、推進装置を持っていないのでミサイルには分類されず、「精密誘導型爆弾」である。

こうした細かい定義や分類はともかく、弾道ミサイルと巡航ミサイルとして開発されたミサイルが大きな脅威とされている理由は、共に寸法（大きさ）が小さく、発見、追尾が難しいのと、弾道ミサイルは高速であるために、また巡航ミサイルは地表すれすれの低空で飛ばれると探知が非常に難しいために、攻撃（迎撃、防衛）が容易ではない点にある。

弾道ミサイルの探知と日本の能力

弾道ミサイルの探知は比較的容易である。ロケット・モーターから大量の赤外線が放出されるし、高高度や宇宙空間を飛翔するから、背景は空や宇宙で、地上や海上からのレーダーで発見するのは、それほど難しいものではない。

米国は弾道ミサイル発射時にロケット・モーターから放出される赤外線を探知する赤外線望遠鏡を搭載した、（弾道ミサイル）早期警戒衛星を打ち上げている。一九七〇年から使用が開始され、二〇〇七年一一月一〇日に最後の（二三番目の）衛星が打ち上げられたDSP衛星（DSPはDefense Support Program［防衛支援計画］の略で、実質的に何の意味も持たない、その用途を秘匿するために与えられた名称）は静止軌道型で、太平洋、インド洋、大西洋上の高度三万五八〇〇キロの静止軌道に五〜六基（二基は予備）が配備され、地表のほぼ全体をカバーしている。

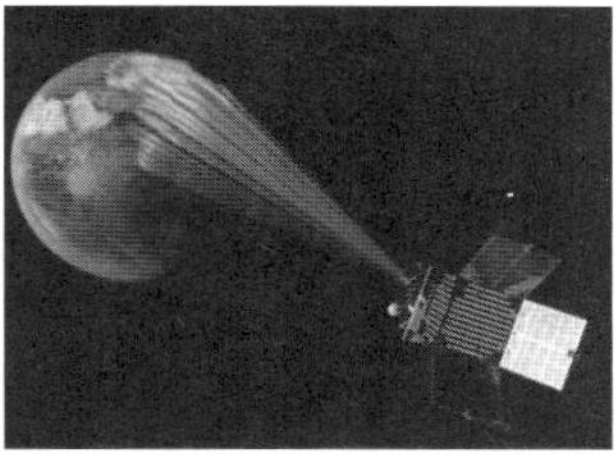

弾道ミサイル発射を最も早く探知できる、静止軌道上の米DSP早期警戒衛星。
［Northrop Grumman］

ＤＳＰ衛星は六〇〇〇個の赤外線感知素子を配置した赤外線望遠鏡を、衛星の軸心からずれた形で取りつけ、衛星を毎分六回の速度で回転させて地球上の三分の一強の範囲、例えば太平洋の全体を監視している。雲がなければミサイルないしはロケットの発射直後に、雲があってもその上に出てくれば、発射後せいぜい一分以内には発射を探知できる。

二〇〇六年七月の北朝鮮によるミサイル連射を受けて、米国は青森県の三沢基地にＪＴＡＧＳ（Joint Tactical Ground Station：統合戦術地上局）を二〇〇七年一〇月に配備した。ＤＳＰ衛星からの情報を直接受信して、地域（戦域）軍の司令部に連絡する部隊（米陸軍所属）で、従来は米本土のコロラド州ピーターソン空軍基地とハワイの太平洋軍司令部経由で送られてきた弾道ミサイルの発射探知情報が、すぐに（米本土で得るものと同じ生情報として）得られるようになった。これで一分以上の時間が節約できる。その情報は東京の横田基地に建設されている日米共同運用のＢＡＯＣＣ（Bilateral Air Operations Coordination Center：二国間航空作戦調整センター）にリアルタイムで伝達され、日米間で弾道ミサイルの迎撃対処が実施される。

日本にはこのような独自の早期警戒衛星システムがない。「宇宙の平和利用」に関する国会決議に拘束されてきたためで、通信衛星を含め、防衛用としての専用衛星を打ち上げられないと自縛をかけてきた。換言すれば、この時代に日本は、宇宙空間を活用できない

技術研究本部が研究中の、AIRBOSSという赤外線弾道ミサイル探知センサーを搭載する高高度滞空型無人機。［防衛省］

日本独自の弾道ミサイル早期警戒手段の一つ、国産のFPS-5早期警戒レーダー。［防衛省］

状態に自らを追い込んできた。そのために短時間で飛来する（迎撃余裕時間が極めて少ない）弾道ミサイルの発射情報は、米国の情報提供に依存せねばならない状態になってしまった。

　北朝鮮方面から飛来する弾道ミサイルに対する、日本独自の弾道ミサイル早期警戒システムは、日本海中部に進出させたイージス護衛艦か、二〇〇六年度から調達が開始されたＦＰＳ-５というフェーズド・アレイ型の地上配備式（固定式）レーダーと既存のＦＰＳ-３型三次元レーダーの弾道ミサイル探知・追尾能力を高める改造を施した型しかない。防衛庁の技術研究本部は無人機に赤外線センサー（ＡＩＲＢＯＳＳ（エアボス）：Advanced Infrared Ballistic-missile Observation Sensor System）を搭載する方法を研究しているが、実用化されても搭載手段が無人機では滞空時間がせいぜい四八時間程度で、二四時間三六五日の警戒には向いていない。イージス艦も常時日本海に一隻の配備を続けるためには最少五隻が必要で、現在の六隻程度のイージス護衛艦では、北朝鮮が弾道ミサイルを発射しそうだという情報があって緊張状態が高まった時に、短い期間に限って二隻を日本海に展開させるのが限界だろう。地上配備式のレーダーは三六五日の警戒が可能だが、弾道ミサイル（か、その弾頭）が水平線の上に出てこない限り探知できないので、レーダーを山の上に設置したところで、早期警戒用として探知できる距離はたかがしれている。発射からそれまでの、迎撃に要する貴重な時間が失われてしまう。

　宇宙空間からの監視ほどは早期に発射の探知はできないものの、「ニア・スペース（near space）」と呼ばれる高高度（二〇〜一〇〇キロ）を利用するなら、時間的にかなり稼げる。このような高高度に（無人）飛行船を飛ばし（一点に留まれる程度に推進装置を駆動するだけでよい）、それに赤外線センサーやレーダーを搭載すれば相当遠方まで見えるから、海上や地上で弾道ミサイルの

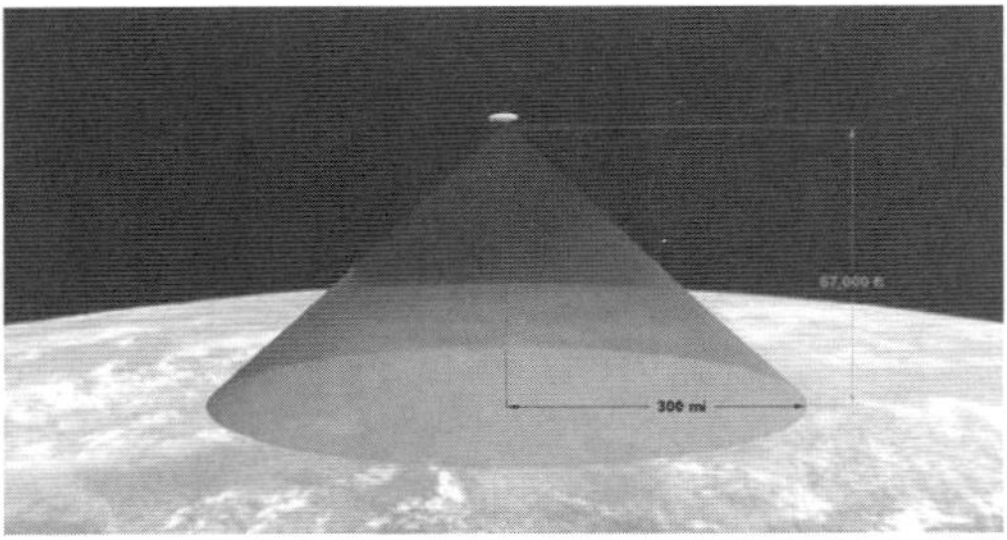

ニア・スペースと呼ばれる高高度に滞空する無人飛行船は、弾道ミサイルや巡航ミサイルの早期警戒に応用できる。　[Aerostar International]

飛来を待っているより、ずっと早期に探知できる。高度二〇キロ以上になれば飛行する航空機はほとんどなく、ジェット気流より上だから、強い風の影響は受けない。このため無人飛行船の活用が世界で研究されるようになった。日本も総務省が郵政省時代から通信中継用として、高高度無人飛行船の研究を行ってきている。

弾道ミサイルとその誘導方式

弾道ミサイルは液体、または固体燃料ロケット・モーターを使用し、エンジンが燃焼している（または燃料が残っている）間に、慣性誘導装置を使って自分の位置、加速度を測定し、目標との位置関係から、目標に向かうように姿勢を修正する。燃料が尽きると（射程の関係から、まだ燃料が残っていても、エンジンの燃焼を停止させる場合もある）後は惰性で、その（姿勢の修正により）最終的に定められた方向に飛んで行く。

だから、この発射上昇段階（飛翔最初の段階）で、どれだけ正確な誘導（姿勢制御）ができるかが鍵となる。それは慣性誘導装置の精度（技術）レベルの問題であり、電子的、機械的な開発製造能力の総合力によって決まる。したがって、ある弾道ミサイルが、エンジンを含むロケット本体は旧式な技術で造られているのに、誘導装置だけがやたらに高性能で、優れた命中精度を持つということはない。またそのような高性能の誘導装置を旧式なミサイル本体に搭載したところで、誘導制御機構の精度が伴わないから、その誘導装置の性能に見合った命中精度が発揮できるわけではない。

ここから、例えば北朝鮮の弾道ミサイルが、基本的には一九五〇年代にソ連が開発したスカッド（ソ連／ロシア名はR-17）の技術を応用している以上、その誘導装置を新型高性能なものに換装しても、命中精度の大幅な改善はできない。

ロケット・モーターが燃焼を終えると、ミサイルは弾頭を搭載した燃え殻ロケットの形でそのままに、あるいは本体から弾頭部分だけが切り離されて、目標に向けて弧を描いて飛んで行く。弾頭と胴体部が切り離されない型（旧ソ連のスカッドはこの方式である）では、燃焼を終了した胴体やエンジンを引き連れたまま（一体のまま）だから、重く、空気抵抗が大きいために、飛べる距離（射程）は短くなり、さらに弾道（弧）の頂点から目標に向けて降下（落下）して行くと、地表に近くなるにしたがって大気の抵抗が大きくなるから、いっそう射程が短くなるし、姿勢も不安定になって、命中精度が低下する原因となる。

このためロケットの燃焼が終えると、弾頭部を本体（胴体）から切り離して、弾頭部分だけを目標に向けて飛翔させる方式が開発された。これを実用化するには、ある程度の高い技術力が必要だが、複数段（多段）型ロケットやミサイルの開発、そして人工衛星の打ち上げ（ロケットから人工衛星を放出する）には不可欠の技術であり、北朝鮮は一九九八年八月三一日の「白頭山」（米国のコードネームは「テポドン1」）人工衛星打ち上げで（結果的には失敗したが）、多段ロケット、人工衛星放出技術を実用化したと見られる。ここから、日本を射程に収める弾道ミサイル「ノドン」も、弾頭をロケットの燃え殻本体から切り離して放出する型であろうと推測される。そうならノドンの弾頭の迎撃は、基となったスカッド本体全部の迎撃より難しい。

北朝鮮のノドンと同じ設計か、それを基に開発されたと考えられるイランのシャハブ3。　［ISNA］

　ミサイルに限らず、武器の命中精度を表す指標として、「半数必中界」という数値が使われる。英語のCircular Error Probabilityの日本語訳で、英語の頭文字からCEP（セップ）と略記される。五〇パーセントの確率で（これが「半数」の意味）目標の中心からどれくらいの距離（単位はメートルでもフィートでも、長さや距離を示すものなら何でもよい）に命中（落下）するかを意味する。CEP1メートルとは、目標の中心から半分の確率で一メートル以内に命中するということである。

ＣＥＰは兵器（ミサイル、ロケット、爆弾など）と誘導方式（慣性、レーザー、ＧＰＳなど）によって異なるが、弾道ミサイルの場合、慣性誘導方式だけなら、最新型でも数十メートル程度になる。射程の大小によっても変化するが、米国のミニットマンⅢ型ＩＣＢＭ（大陸間弾道ミサイル）は慣性誘導方式で、約一万キロ先の目標に、ＣＥＰ一五〇〜二〇〇メートルで命中するといわれる（本当の数値は秘密とされている）。

ミサイル弾頭の落下速度と無力化

北朝鮮が配備しているスカッド改Ｂ型（北朝鮮名は火星（ワソン）５号）は液体燃料一段式、その射程は三〇〇キロ、ロケット・モーターの燃焼時間は約七〇秒だから、最大上昇高度は二〇〇キロ程度、落下速度はマッハ三〜四くらいであろうと推測される。スカッドＣ（火星６号）はスカッド改Ｂの弾頭を小型化（軽量化）して、その分、液体燃料と酸化剤の搭載量を増やして射程を五五〇〜六〇〇キロに増大させた型で、北朝鮮国内から発射すると西日本になら到達できる。弾頭重量はスカッド改Ｂの一〇〇〇キロから六五〇〜七五〇キロ程度に削減されたと推測されている。落下速度はスカッド改Ｂよりやや大きく、マッハ四〜五くらいになる。

二〇〇六年七月に日本海に向けて北朝鮮が発射した七発の弾道ミサイルのうち、二発はスカッドＣの弾頭をさらに小型化して、射程を一〇〇〇キロ級に延ばした型（「スカッドＤ型」と仮称する情報もある）の可能性があるとされる。そうであるなら、弾頭重量（ペイロード＝有効搭載量）は五〇〇キロよりだいぶ少ないだろうと考えられるが、生物兵器弾頭や化学兵器弾頭なら十分な量である（ただし、生物・化学兵器弾頭を目標地域に効果的に散布するには、かなり高度な技術が必要とされる）。火薬型の通常弾頭でも、破壊効率は悪いが、ミサイル弾頭が落下してきた場所の人々が驚愕し、恐れおののくであろう点に変わりはない。スカッドＤは北朝鮮から発射して、本州の北部、北海道、沖縄以外の日本本土を攻撃できる。弾頭を切り離し型にしているのかはわからないが、射程が延びている分、弾頭の落下速度も大きくなり、マッハ五（毎秒一・六キロ）以上になるだろう。

沖縄を含む日本全土を攻撃できる射程一三〇〇キロ以上のノドン（北朝鮮名は不明）も液体燃料一段式で、弾頭重量は一〇〇〇キロ程度と推測される。胴体直径がスカッドの八八センチを超えて一・三メートルくらいはある点などから、核弾頭はスカッド改Ｂやスカッド Ｃほど小型軽量化しなくてもすむため、核弾頭開発における技術的難しさは楽になる。一三〇〇キロを超える射程となると、上昇高度は三〇〇キロ以上、四〇〇キロ近くなり、弾頭の落下速度もマッハ一〇（毎秒三キロ以上）前後になる。

スカッド・シリーズや、その発達型のノドンの命中精度はそれほど良くない。それどころか、現在の技術水準から見て相当に悪い（何しろ基本は一九五〇年代の技術である）と考えられる。正確なところはわからないが、ノドンでCEP二キロ程度ではないかと推測されている。多少技術的な改良を施したところで、命中精度の改善は（基本としているミサイル本体と誘導装置がそれほど変わらない限り）、そうたいしたものは期待できないだろう。

それでも直径が、たかだか一メートル以下のもの（弾頭）が、音速（気温によって変化する）の三～一〇倍で落下してくるのだから、迎撃は極めて難しい。スカッド改B（そしておそらくスカッドCやD型でも）のように、弾頭とロケット・モーターを付けた本体（胴体）が落下してくる場合には、目標自体が弾頭だけの場合よりもはるかに大きいから、探知や迎撃は楽になるが、搭載している弾頭を「無力化」するのは難しい。

この「無力化（neutralization）」とは、弾頭が爆発しないか、爆発しても、その影響が地表に及ぼす影響がほとんどないようにする、ということである。通常弾頭なら高高度で爆発させて、地上に破片が落ちても被害がきわめて少ないようにする、核弾頭ならその起爆装置を破壊したり、核分裂物質の形状（核爆発を起こすには、この形状を精密に保つ必要がある）を崩して核爆発が起こらないようにしたりする。生物兵器や化学兵器型の弾頭なら高高度で飛散させてしまい、地表にそれらが落ちてくるころには、（太陽光線や拡散

ペトリオット・システムの改修概要

	PAC-2ミサイル 	PAC-3ミサイル 
迎撃方式	破片（近接信管）による破壊 （弾道ミサイルの物理的破壊能力→小）	ミサイルの直撃による破壊 （弾道ミサイルの物理的破壊能力→大）
機動性	空気密度の薄い上空においては空力による限界あり	空気密度の薄い上空においても機動性を確保
迎撃目標	•主：航空機 •従：ミサイル ※500 ～ 600km級の弾道ミサイル対処は極めて限定的	•主：ミサイル •従：航空機 ※1000km級の弾道ミサイル対処は可能

PAC-2とPAC-3ミサイルの比較図　［防衛省］

などによって）毒性があらかた消えている状態にするなどという方式である。

米国は無力化の方法として、迎撃ミサイルの誘導精度を高めて、落下してくる弾道ミサイルの弾頭部に直接命中させる方法が最良と結論付けた。迎撃ミサイルにはパトリオットPAC－2のような火薬を内蔵する弾頭がなく、誘導装置を収めた先端部がそのまま衝突して、その毎秒数キロ～数十キロという高い相対速度による運動エネルギーで弾頭の無力化を図っている。「運動エネルギーによる破壊

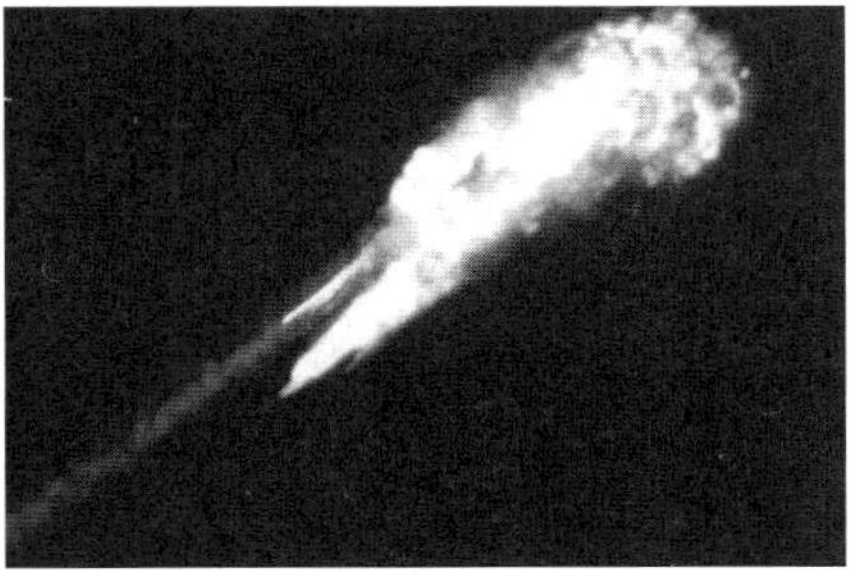

弾道ミサイルの弾頭を無力化する確実な手段として開発された、直接衝突による運動エネルギー破壊（KEK）方式の迎撃実験。［MDA］

（Kinetic Energy Kill）」の英語の頭文字をとってKEK方式、あるいはKEK型弾頭などと呼ばれている。高い精度誘導技術の発達がそれを可能にさせた。

こうして開発されたのがパトリオットPAC-3型であり、イージス・システムを搭載した水上艦（巡洋艦や駆逐艦）から発射するスタンダードSM-3迎撃ミサイル、PAC-3型より高高度で迎撃できて有効迎撃半径も大きいTHAAD（サード）（「終端高高度防空」の略）迎撃ミサイル、米本土防衛用の長射程で（弾道ミサイルを飛翔中の）中間段階で迎撃するミサイル（GMD＝地上配備型中間段階防衛）なども、すべてこの方式を採用している。SM-3を基に、迎撃性能（迎撃高度、有効半径、誘導精度など）を高める改良型が日米で共同開発中だが、この迎撃ミサイルでも米国が開発したKEK型弾頭（誘導装置）を基本とした型が使用される。

航空自衛隊のパトリオットPAC-3配備

二〇〇六年七月五日の北朝鮮による弾道ミサイル連射を受けて、日米両国は、日本とその周辺における弾道ミサイル迎撃システムの配備計画を前倒しする方針を打ち出し、同年九月から、沖縄の嘉手納基地に米陸軍第1防空砲兵連隊第1大隊（四個高射隊編制）の配備が開始され、同大隊は一一月三〇日に部隊の配備を完了した。日本側は、航空自衛隊のパトリオットがPAC-2型（これも、ベーシック型から改造によってPAC-2を発射できるようにされた）であるため、PAC-3も発射できる改造を進め、東京周辺に配備されている第1高射群の第4高射隊（入間基地）から、米国より緊急購入した（米陸軍向け生産分を、無理を言って分けてもらって）PAC-3迎撃ミサイルの配備を開始、同高射隊は二〇〇七年三月三〇日に実戦対応可能段階に達した。以後二〇〇八年四月までに、第1高射群を構成する残りの三個高射隊への配備が完了し、続いて中部方面、九州方面を担当する高射群（第4高射群と第2高射群）と浜松の高射教導隊に対して、発射機やレーダー、指揮統制装置などに所要の改造を施した上で、PAC-3を配備する。二〇〇八年中期時点では毎年一個高射群分の改造予算とPAC-3の調達予算が要求されていく予定だが、二〇一〇年度までに首都圏、中京地区、京阪神地区の一六個高射隊に配備される計画とされている。

PAC-3型迎撃ミサイルは、二〇〇四年度の調達予算が一六発で六四億円であったから、一発四億円という高価なものとなる。スカッド改B型やスカッドC型は一発一億円強程度、ノドンでも四億円はしないと推測される。実戦での迎撃にあたっては、一発の弾道ミサイル（の弾頭）に対して最少でも二発のPAC-3が発射される（最初の迎撃ミサイルが正常に作動しない場合に備えて）ので、単純な経費比較では、攻撃側（弾道ミサイル）

が圧倒的に有利である。PAC-3は当初は米国から完成品を輸入するが、国内でのライセンス生産に切り替えていく方針なので、そうなるとロイヤルティの支払いや、年間調達数（生産数）が米陸軍よりずっと少ない（米陸軍の二〇〇八年度調達数は一〇八発）点などから、一発の価格は四億円よりさらに高くなるであろう。米陸軍向けPAC-3の価格は、外国輸出向けのように研究開発費の一部負担などの追加価格分を含まない値段だが、それでも二〇〇六年前半時点での調達契約価格は一発約三億五〇〇〇万円であった。

パトリオットPAC-3の迎撃有効半径は一五～二〇キロ程度といわれ、最大迎撃高度は三〇キロ（三万メートル）程度である。迎撃半径が小さいためにPAC-3は拠点防衛用で、東京の永田町や霞が関といった政治、防衛の中枢を守るには、前出の航空自衛隊の高射隊が配備されている基地では有効な迎撃ができない可能性がある。ここから有事には守るべき重要性が高い場所の近くにPAC-3部隊を配備する必要が生じる。とは言え、パトリオット部隊を展開させ、発射に支障がない場所となると、敷地面積だけでなく、周辺に発射する時に邪魔になる建物がない、通信が確保できる、などの条件が必要になる。首都圏では市ヶ谷の防衛省敷地、新宿御苑、有明埋立地、代々木公園などが候補に挙げられている。二〇〇八年一月一四日には、新宿御苑に無線中継装置車と（通信用）アンテナマスト車が展開して、通信上の支障がないかどうかの調査が行われ、七月二九日には防衛省の敷地内に発射機などを配備する実験・訓練が実施された。

前述のように、ノドンのような射程一〇〇〇キロを超える弾道ミサイルでは、終端段階（目標近く）になると毎秒三キロ以上の高速で落下してくるから、高度三〇キロから一〇秒以内で地上に着弾する。もし生物・化学弾頭のように、地上から一定の高度で爆発・散布するようになっている弾頭なら、もっと時間的な余裕はなくなる。したがって、ＰＡＣ-３は弾道ミサイル（の弾頭）が着弾する一〇秒以上前に発射せねばならないし（それには高度三〇キロで迎撃できるように、発射からその高度までパトリオット迎撃ミサイルが到達するために要する時間を見込む必要がある）、最初の迎撃に失敗したら、二回目の発射をしている余裕はまずない、一発勝負の（実際には前述のように二発が発射されるが）迎撃システムである。

それでも、東京のような大都市でＰＡＣ-３を使用する場合には、例え迎撃に成功しても、その破壊された弾頭部や胴体とロケット・モーター（燃え殻）部が、破片となって人口密集地に降り注ぐ可能性が大きい。命中しなかったＰＡＣ-３迎撃ミサイルは、一定以上の距離、または時間を飛行すると自爆するようになっているが、当然、その破片は地上に落ちてくる。自爆装置が故障で作動しなければ、ロケット・モーターの燃焼を終えたＰＡＣ-３は、弾道を描いて地上に向けて落下する。核兵器の爆発や生物・化学兵器による被害は避けられても、それを防ぐために発射する迎撃ミサイルと迎撃された弾道ミサイルの破片による地上の被害は免れない。二〇〇八年中期現在、人口密集大都市においてPAC-3のような地対空ミサイルを発射した実例はないので、どの程度の被害が生じるかという推測は難しいが、弾道ミサイル迎撃システムが配備されたからといって、地上の人間や財産（建物、施設）が無傷ですむということにはならない。

もっとも、これまでの実戦においても、都市部では自国の防空システムによる被害を経験してきた。撃墜した敵の航空機が市街地に落下するだけでなく、発射した高射砲や機関砲弾が上空で炸裂して破片が（何発かに一発は爆発せずに不発弾としてそのまま）地上に降り、人間や施設の被害が生じている。日本でも太平洋戦争の時に、空襲に飛来した米軍のB-29爆撃機に日本軍の高射砲弾が届かず、それでも高射砲を発射するから、時限信管により空中で炸裂した破片が落ちてきて地上に被害が出るため、住民が軍に対して、「どうせ届かない高射砲なら発射しないでくれ」と陳情したという話がある。PAC-3のような地対空ミサイルでは、都市部の場合にどのような被害がどの程度生じるかは、実戦での例がないので想定が難しい。これまで世界では、被害発生が予想されながら、都市周辺に地対空ミサイルが配備されてきたというのが現実である。

パトリオットPAC-3よりも高高度、広い範囲で迎撃する米陸軍のTHAAD（左）と米海軍のスタンダードSM-3迎撃ミサイル（右）。　［U.S. Army］［U.S. Navy］

弾道ミサイルと迎撃システムの鬼ごっこ

北朝鮮から日本を弾道ミサイルで攻撃してくる場合、その射程はせいぜい最大一五〇〇キロ程度で、飛翔時間は（発射地点と目標までの距離、弾道ミサイルの加速性能などによって異なる）四〜一〇分であるから、時間的な余裕は少ない。そのため、ＰＡＣ-３より遠方で迎撃でき（有効射程が大きい）、できれば弾道ミサイルの中間飛翔段階でも迎撃が可能な、大きな有効迎撃高度を持つ迎撃ミサイルが望ましい。

それがイージス艦から発射されるスタンダードＳＭ-３と地上配備型のＴＨＡＡＤであるが、日本の地理的条件を考えるなら、洋上に配備できる（水上艦から発射できる）ＳＭ-３の方が適しているのは自明であろう。

ＴＨＡＡＤは二〇〇七年一〇月二七日にハワ

イで、スカッドのような移動式戦域弾道ミサイルを模した標的に対する迎撃実験を行い、それまでの迎撃実験では、最も高高度での迎撃に成功している。

THAAD、SM-3共に詳しい有効迎撃半径や迎撃高度は公表されていないが、SM-3は一二〇〇キロを超える有効迎撃半径と、一五〇キロ以上の有効迎撃高度を持つとされ、その大きな有効迎撃半径から、日本列島をほぼ二隻のイージス艦でカバーできる。また弾道ミサイルの発射地点、例えば、北朝鮮の近くにまで進出できるなら、発射上昇中の弾道ミサイルを捕捉して、まだロケット・モーターが燃焼中、あるいは弾頭を切り離す前に迎撃できる可能性があり、中間飛翔段階でも、高度が一五〇キロ程度か、下降中のミサイルや、その弾頭を迎撃できる場合も期待できる。

日米の弾道ミサイル迎撃システム共同研究開発計画では、スタンダードSM-3を基に、第二段のロケットモーターを第一段と同じ太さの「フル・キャリバー」型として、有効迎撃高度と迎撃範囲（半径）を拡大し、KEK型迎撃体と、その赤外線センサー能力を高めた新型弾頭部や、それを保護するノーズ・コーンは日本が開発の主力を担った部分で、二〇〇六年三月に宇宙空間での開放、（ミサイル本体からの）分離実験に成功した。このSM-3の発達型であるブロックⅡA型の開発完了は二〇一四年が予定されている。実用化に成功して実戦配備がされるなら、現用のSM-3より、はるかに高高度での迎撃が可能

能力向上型迎撃ミサイル日米共同開発の概要

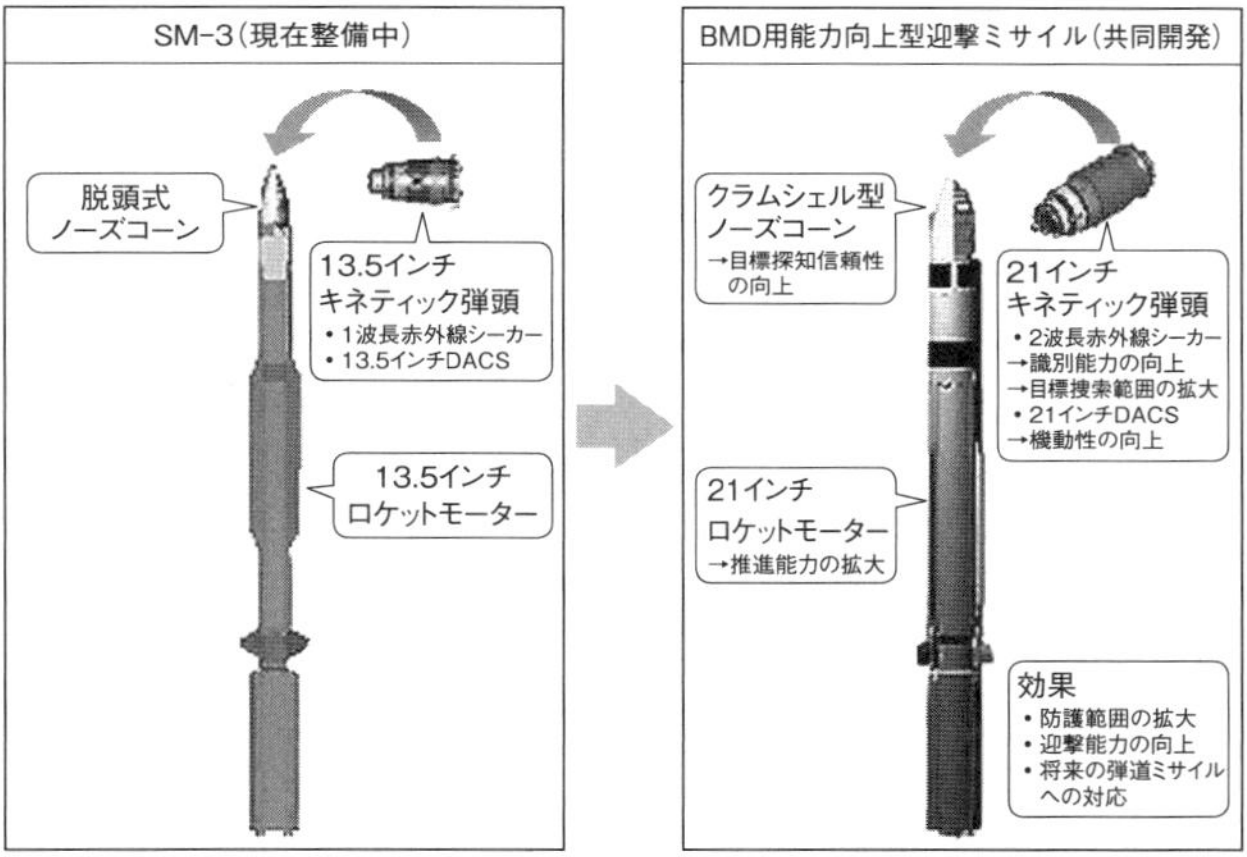

※DACS（Divert and attitude Control System）：軌道及び姿勢制御システム

日米で共同開発中のスタンダードSM-3ブロックⅡA型迎撃ミサイル（右）と、その基になったブロックⅠ型迎撃ミサイル。［防衛省］

になり、広範囲の防衛ができ、またオトリや妨害装置に対する識別・対抗能力が高まり、高い宇宙空間での終端運動能力（迎撃体が宇宙空間で精密・正確なコース修正を行って目標に接近する運動）から、迎撃が成功する確率が増大すると期待されている。

　米国の弾道ミサイル防衛システムに対して、飛来する弾道ミサイルが放出するオトリやチャフ（電波を反射しやすい軽い細かい物質を放出してレーダーを惑わすもの。アルミ箔やアルミコーティングしたガラス繊維、炭素繊維などが使われる）などによって、容易に迎撃能力を低下させられるという批判（だから、弾道ミサイル防衛システムの開発、配備は無意味で、やめるべきだという意見）がある。

当面、米国と日本が脅威とする北朝鮮の弾道ミサイルには、二〇〇八年中期時点では、オトリや妨害手段が装備されている様子はない。もっとも、これは相手の内容をどこまでこちらが知っているかという、インテリジェンスの問題と関係してくるので、「この国のミサイルはこれこれのオトリや妨害手段を持っていますから、これだけの迎撃能力が必要です」と公表できない制約がある。それでも二〇〇八年中期現在で一般に知られている限り、北朝鮮の弾道ミサイルがオトリや妨害手段を放出したという情報はない。

相手も技術の進歩と実験の反復で、オトリや妨害手段の装備といった性能向上を図ってくるだろうから、その兆候が見えるなら、それがいつ頃に実用化できるだろうという予測から対抗手段を開発してゆけばよいのであって、いきなり、オトリの識別ができ、妨害手段に対抗できるような高い能力を持つ迎撃システムを実用化せねばならぬというものではない。すでに米海軍は二〇〇七年六月二二日のSM-3を使った迎撃実験では、標的にロケット・ブースターから弾頭部を切り離す型（前述のように、北朝鮮のノドン弾道ミサイルは、この方式の弾頭システムを持つと推測される）を使用して、宇宙空間を飛ぶブースター・ロケット（の燃え殻）と、切り離された弾頭部を識別して、弾頭だけを撃破するシナリオで行っている。日米が共同開発しているＳＭ‐３の発達型では、より大型で高性能の迎撃体を搭載するので、識別能力や妨害への対抗能力がさらに高められるだろう。

ただしＳＭ‐３も配備数が少ない段階で、多数の弾道ミサイルを同時に発射されると、迎撃側の対応能力が飽和してしまったり、迎撃ミサイルの数が足りなかったりして、撃ち漏らすミサイル（弾頭）が出る確率が大きくなる。二〇〇六年七月に北朝鮮が、テポドン２は別として、日本に届くと推測される射程のミサイルを一日で六発発射したというのは、大きな驚きであった。核弾頭を搭載したノドンが一発しかなくても、通常弾頭装備のノドンや、それよりも小型で安価の（したがって、大量に生産できる）スカッドＣやＤ型を同時に何発も発射するなら、日米の迎撃能力が対応できず、核弾頭装備のノドンが迎撃を逃れて日本に落下する可能性（確率）が高くなる。

しかし米国では、このような複数の弾道ミサイル（弾頭）の脅威に対抗する手段の研究開発も始めている。「複数迎撃体（Multiple Kill Vehicle：ＭＫＶ）」と呼ばれるもので、一発の迎撃ミサイルに複数の迎撃体を搭載し、ほぼ同時に飛来する多数の弾頭に対応できるようにする方式である。スタンダードＳＭ‐３ブロックⅡＢ（日米共同開発中のＳＭ‐３発達型であるブロックⅡＡ型にＭＫＶを搭載する米国型。日本も米国の独自開発を承認した）と、米国が独自に研究開発中のＫＥＩ（Kinetic Energy Interceptor：運動エネルギ

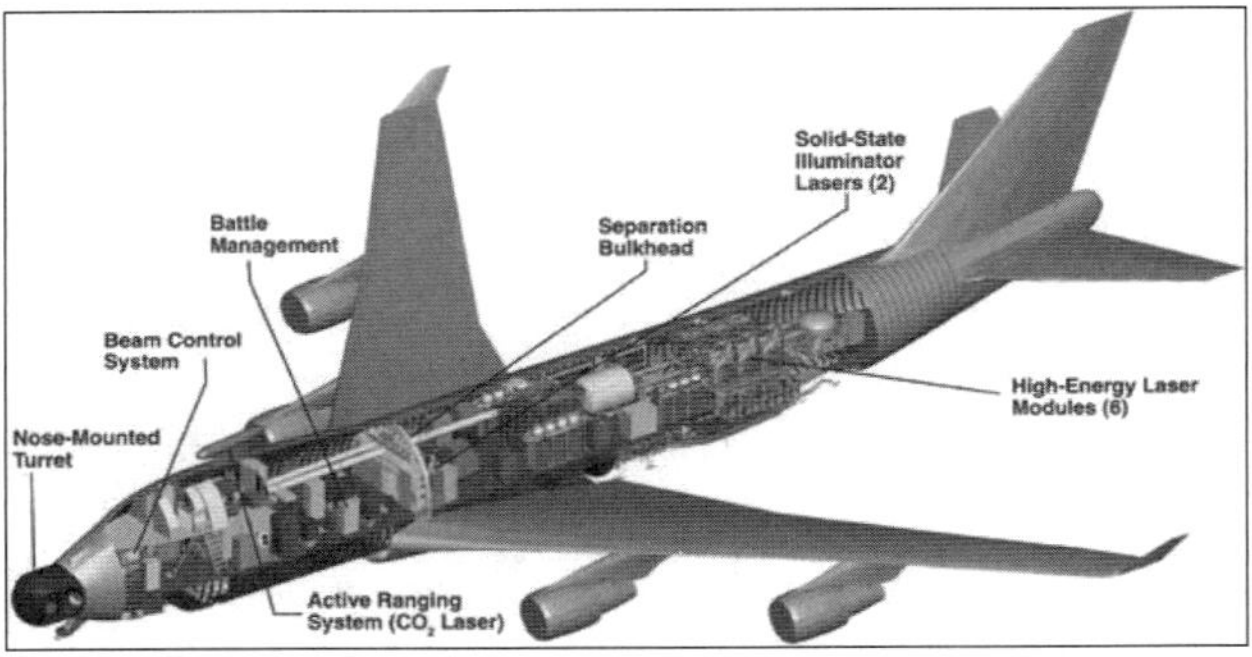

日本も関心を示しているとされる、大出力レーザーをジャンボ・ジェット機に搭載するABL。［Boeing］

ー型迎撃ミサイル）という、高高度・広域迎撃能力を持つ新型迎撃ミサイルへの装備が意図されている。ＫＥＩが実用化されるなら、陸上でも海上でも発射可能になるために、効率・経済性が高くなる。ただし、二〇〇八年中期時点では、ＫＥＩが実用化される可能性は流動的である。

米国はまたＡＢＬ（Air Borne Laser：空中レーザー）と呼ぶ、大出力レーザーを航空機（ボーイング７４７）に搭載し、発射直後で上昇中の弾道ミサイルの胴体にレーザーを照射して撃破するシステムの開発を進めている。弾道ミサイルの胴体は目標としては弾頭よりも大きいし、軽量に造られているから破壊しやすく、上昇段階だから、まだミサイル自体の速度も遅い。この段階で弾道ミサイルごと破壊してしまえば、複数弾頭やオトリを搭載していても、それらが放出される前であり、落下する先は発射国の領土か海上になる。

ただし、ＡＢＬは数百キロ遠方から攻撃できるが、航空機搭載型だから、敵が弾道ミサイルを発射しそうだ、となった時に、その国の近くに、あるいはその国の領空内にまで侵入して発射を待たねばならない。当然、ＡＢＬが相手から攻撃される危険もある。

一方、レーザーだから光の速度で迎撃でき、一つの目標に対する照射時間は（出力にもよるが）数秒で足りるので、複数の目標にも対応できる。だが、日本がレーザー型弾道ミサイル防衛システムを装備するなら、ＡＢＬのような航空機搭載型よりも艦船搭載型や陸上設置型の方が適しているだろう。艦載型、陸上配備型なら、大出力レーザーを発射するために必要なエネルギーの供給が楽にできる。つまり、航空機搭載型よりも強力なレーザーを発射できる（大出力レーザーを大気圏内で目標に当てるには、技術的になかなか難しいのだが）。

一方、陸上配備型では、目標（弾道ミサイルや、そこから放出された弾頭）が水平線（地平線）の上に出てこないと攻撃できないので、時間的な余裕はあまりない。その点、艦船搭載型なら、日本海の中央に進出して行くことによって、時間的な余裕も少し確保できる。

日本がＡＢＬに関心を示していると伝える情報もあるが、基本となる大出力レーザーなら、航空機搭載型にこだわらなければ、すでに日本には独力で開発できる十分な技術基盤が存在する（ただし、レーザーの種類によって異なるし、実験場の確保という問題がある）。（弾道ミサイルを発射する）攻撃側は、このような複数の弾頭を弾道ミサイルに搭載するためには、弾頭を小型にするか、大型のミサイルを開発せねばならない。複数弾頭型ミサイルは、既に保有している弾道ミサイルに複数の弾頭を搭載すればすぐにできる、というものではない。ロシア、そしておそらく中国は複数弾頭型の弾道ミサイルを実用化しているが、北朝鮮やイランが、そのようなミサイルを保有していると推測できる情報はない。

したがって、北朝鮮やイランの弾道ミサイルに対する防衛システムであるなら、現時点では「かなりな程度」十分な迎撃の可能性が期待できる。米国が弾道ミサイル迎撃システムの配備に反対するロシアや中国に、米国の迎撃システムはロシアや中国の弾道ミサイルには対応できる能力を持たない、と説明しているのはこの理由からであり、客観的に見て確かにその説明にごまかしはない。

イージスBMD改造

米海軍は二〇〇九年初期までに、一八隻のイージス艦（タイコンディロガ級巡洋艦三隻とアーレイ・バーク級駆逐艦一五隻）にスタンダードSM-3を搭載し、そのうち一六隻は太平洋艦隊に、残り二隻は大西洋艦隊に配備する。ここから、米国が北朝鮮の弾道ミサイ

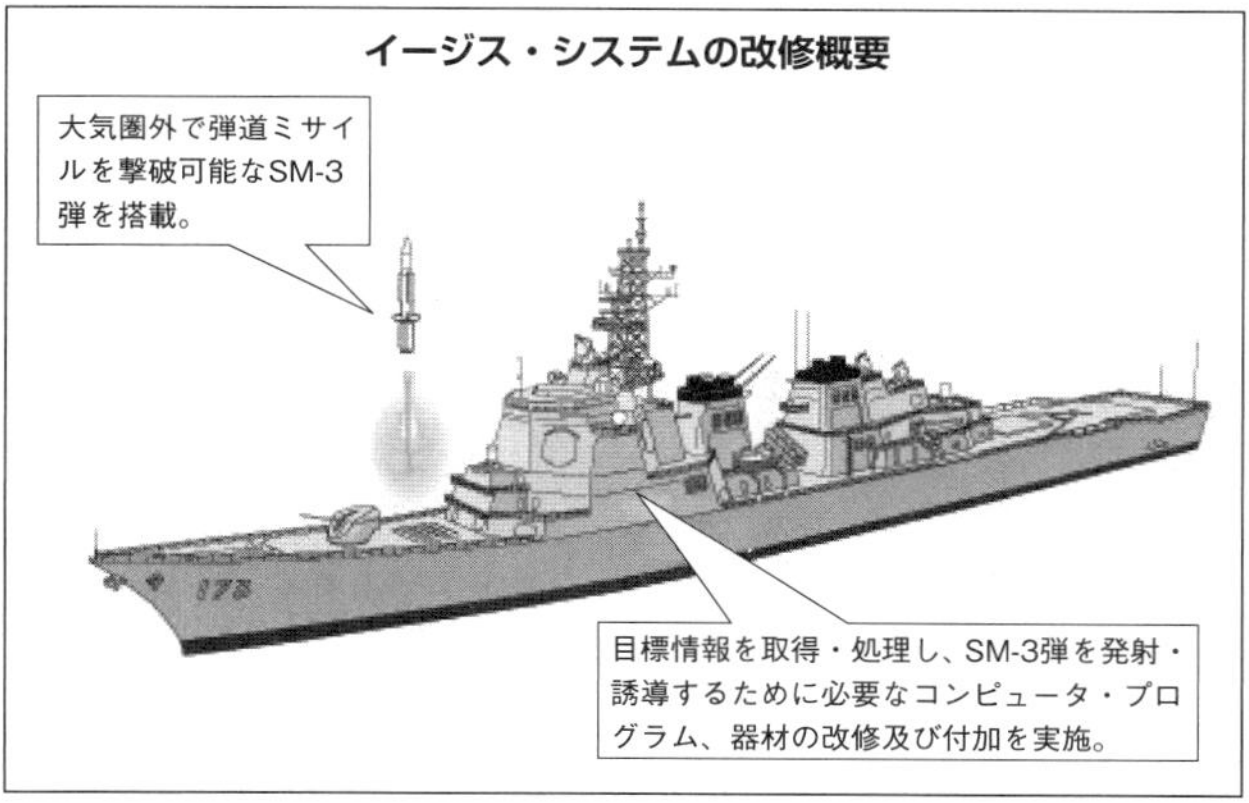
イージス・システムの改修概要
大気圏外で弾道ミサイルを撃破可能なSM-3弾を搭載。
目標情報を取得・処理し、SM-3弾を発射・誘導するために必要なコンピュータ・プログラム、器材の改修及び付加を実施。

イージス艦へのBMD改造　［防衛省］

ルの脅威を強く感じている点が窺える。

最終的には、イージス・システム搭載艦のすべて（タイコンディロガ級二二隻、アーレイ・バーク級六二隻）に弾道ミサイル迎撃能力を持たせる、「イージスＢＭＤ」と呼ばれるコンピュータやレーダーの改造を行う予定である。またタイコンディロガ級の後継となる新型巡洋艦ＣＧ（Ｘ）にも、弾道ミサイル迎撃能力を与える予定だが、それがイージス・システムの発達型になるのか、別の新しい迎撃システムになるのかは、二〇〇八年中期時点ではまだ決まっていない。

海上自衛隊は二〇〇八年三月時点で六隻のイージス護衛艦（「こんごう」型四隻、その拡大改良型の「あたご」型二隻）を保有するが、二〇〇七年八月に「こんごう」ＤＤＧ-１７３のイージスＢＭＤ改造が完了し、同艦はその年一一月七日にハワイのカウアイ島沖で実施された米海軍による弾道ミサイル二発の同時迎撃実験に参加して、イージスＢＭＤ改造の性能確認を行った。

「こんごう」は同年一二月一八日には実際にＳＭ-３を用いての迎撃実験を行い、カウアイ島から発射された標的ミサイル（ノドンを模した弾頭分離型）の迎撃に成功した。日本でのイージスＢＭＤ改造の実用性が確認されたため、同艦は二〇〇八年一月四日に母港の佐世保に帰還した直後に、実戦可能状態に入ったとして、弾道ミサイル防衛の任務が付与された。これに伴い、自衛隊法の「弾道ミサイル等に対する破壊措置に関する緊急対処要領」も改訂され、パトリオットＰＡＣ-３に加えてスタンダードＳＭ-３を搭載する護衛艦（「こんごう」型）が、航空自衛隊航空総隊司令官の指揮下において、弾道ミサイルに対する防衛行動を行うと規定された。

海上自衛隊のイージス護衛艦は、米海軍以外では初めて弾道ミサイル迎撃能力を持つイージス艦で、「こんごう」以後、「ちょうかい」ＤＤＧ-１７６、「みょうこう」ＤＤＧ-１７５、「きりしま」ＤＤＧ-１７４の順番で、毎年一隻ずつイージスＢＭＤ改造が実施される。これに続いて、「こんごう」型の拡大改良型イージス護衛艦である「あたご」型への改造も実施されよう。改造経費は一番艦の「こんごう」が三四〇億円（ＳＭ-３の調達経

海上自衛隊のイージス護衛艦「こんごう」は2007年12月18日、ハワイ沖で弾道ミサイル標的に迎撃実験を行った。
［MDA］

費と、前述の実験経費を含む）で、それ以後の艦では三〇〇億円強の予算額が承認されている。SM-3は一発約二〇億円するが、これを日本でライセンス生産するのか、すべて完成品の輸入にするのかについては、二〇〇八年中期時点ではわからない。弾道ミサイルを模した標的ミサイルを使う迎撃実験には巨額の経費がかかるので、二番目以後のイージスBMD改造艦では、実際にSM-3を発射しての迎撃実験は行わないという。

米海軍は二〇〇一年に、それまで開発を進めてきたスタンダードSM-2ブロックⅣAという短距離弾道ミサイル迎撃能力を持つ迎撃ミサイルの開発計画（海軍広域弾道ミサイル防衛：NAW）を中止して、広域防衛用、中・短距離弾道ミサイル迎撃用のSM-3に開発計画を絞った。ところがSM-3用のKEK型迎撃体LEAPの性能が確認されたためか、また中国が東風21型（DF-21）弾道ミサイルの派生型を開発し、それが敵の水上艦部隊の攻撃を目的としているのではないかと推測されるためか、二〇〇六年からSM-

2にSM-3用の迎撃体を搭載して短距離弾道ミサイルの迎撃能力を持たせる「ニア・ターム海上配備型終端段階防衛計画（Near Term Sea-Based Terminal Phase Defense Program）」に着手した。NAW計画の復活に他ならないが、二〇〇七年七月にレイセオン社との間で、SM-2ブロックⅣ型一〇〇発の調達契約を締結している。二〇〇八年初期から実験が開始されて、同年末までには実用段階に達する予定で、イージスBMD改造を終了したイージス艦に、SM-3と共に混載される。

米海軍は二〇〇八年中に、短距離弾道ミサイルをその飛翔終端段階（目標に近くまで落下してきた状態）での迎撃実験と、他の弾道ミサイル探知システムからのデータを得て迎撃ミサイルを発射する「戦術データリンクによる発射（TADIL）」実験を予定している。

増大する巡航ミサイルの脅威と対策

二〇〇八年中期時点ではまだ、北朝鮮が日本に届くような、そして核弾頭を搭載できるか、ないしは核弾頭を搭載しなくても、例えば首相官邸を直撃して破壊できるような精密攻撃（命中）能力を持つ巡航ミサイルを保有しているか、近く保有しそうだという情報はない。だが、そのような兵器がすでに米国、ロシアなどに存在する以上、北朝鮮が何らかの手段で（輸入やコピー生産など）入手する可能性はあるし、外国からの技術援助で独自

Tu-160戦略爆撃機から発射されるロシアのKh-55空中発射型巡航ミサイル。［RuMoD］

に開発する可能性も否定はできない。既に中国は独自に、あるいはロシア人技術者の支援によって、長射程・精密誘導型巡航ミサイルを開発しているという情報があるし、ウクライナから流出したKh-55巡航ミサイル（NATOコードネームはAS-15ケント）を入手して参考にしている、ないしはコピーしているなどという話もある。ロシアは核弾頭専用型のKh-55を基に、通常弾頭装備型としたKh-555の実用化に加えて、二〇〇七年秋にはその後継と推測される空中発射型（Tu-95MS16爆撃機の翼下に吊り下げる形で最大八発を搭載）巡航ミサイルKh-101の存在が確認された。Kh-101はおそらくKh-555よりも長射程で、外形からは（先端部や胴体の形状）ステルス性が重視された設計とされているようである。

巡航ミサイルは、（新型の）弾道ミサイルの開発生産経費の四分の一で配備ができるといわれる。ここから弾道ミサイルの拡散に続いて、近い将来に長射程・精密誘導型巡航ミサイルの拡散が進むとするのは、世界の軍事関係者では常識であり、大きな脅威と認識されている。

ところが現実には最近まで、世界のどの軍隊でも、「巡航ミサイル防衛」には、あまり積極的に取り組んでこなかった。米国防総省でも巡航ミサイル防衛に対する具体的、組織的な計画が存在せず、大将を長とする「統合（装備）要求監督会議」が巡航ミサイルの開発、拡散に関する秘密報告を受けたのは二〇〇七年末である。

脅威が次第に顕在化してきているのに、それに対する方策が講じられてこなかったのは、まだこの種の新型兵器システム開発・実用化の先導役となる主要先進国が、高性能（長射程・精密誘導型）巡航ミサイルの攻撃を受けた経験がないためだろう。米ミサイル防衛局（MDA）のヘンリー・オベリング空軍中将は、「最近になって弾道ミサイルの層状防衛システム技術開発が成熟期を迎え、やっと巡航ミサイル防衛にも目を向けられるようになった」と語っている。

日本の防衛省も二〇〇八年一月になってから、「巡航ミサイルを迎撃するための新たな体制作りに着手する方針を固めた」（読売新聞、二〇〇八年一月二七日、朝刊）。着手が遅れたのは、巡航ミサイルが「『大きな脅威とは認識してこなかった』（自衛隊幹部）」（前出資料）からであるが、中国の巡航ミサイル開発の進展や、それを搭載するであろう航空機の日本近海までの進出、台湾の「国家安全報告」における中国巡航ミサイルの脅威に関する記述などから、本腰を入れた防衛手段整備が必要と認識されるようになったという。

巡航ミサイルの探知方法と迎撃の難しさ

巡航ミサイルが大きな脅威とされるのは、その探知・迎撃に、弾道ミサイルとはほとんど別と言ってよいほど異なった技術が必要だからである。しかも、その技術はまだ初期的な開発段階でしかない。

巡航ミサイルは、地表や海面近くの低高度を飛行する。弾道ミサイルに比べればずっと低速だが、小型であり、上から「見る」と地表や海面を背景にしているためにレーダーでの探知が難しく、巡航推進方式もロケットモーターではなく、ジェットエンジンやターボファン（ジェット）・エンジンを使用しているので、赤外線放出量が少なく、赤外線センサーでも探知しにくい。

弾道ミサイルや弾頭の探知となると数百キロから千キロ以上の遠方での探知になるから、レーダーにはかなり大きな出力が必要になる。しかし、巡航ミサイルは低空を飛んでくる。巡航ミサイル警戒・探知用センサーと目標の巡航ミサイルまでの距離は直線でせいぜい二〇〇キロ以下だから、センサーにレーダーを使うとしても、それほど大きな出力は必要としない。むしろ重要なのは地表や海面で反射されてくるレーダー波の中から、目標の巡航ミサイルを識別する信号処理技術である。また探知したミサイルを追尾して、正確に位置を把握し続けるための分解能（レーダー波の集中機能）が必要になる。赤外線センサーも、地面や海面からの熱線放射の（ノイズの）中から目標を取り出さねばならない。赤外線センサーはパッシブ式だから、目標までの距離の測定が難しい。

低空を飛行する巡航ミサイル（写真は米空軍のALCM）の探知・迎撃には、弾道ミサイル防衛とは別の技術が必要になる。［USAF］

巡航ミサイルの探知も、地上や海上からでは、地平線や水平線の上に出てくるまでは不可能である。地上では山や木立、建物などがあって、さらに探知距離は小さくなる。弾道ミサイルのように高高度に上がってくれないから、地平線や水平線の上に出てきても、探知・追尾が難しい。二〇〇三年三月～四月のイラク戦争第一段階（フセイン政権打倒の戦い）において、米英軍はイラクが発射した中国製巡航ミサイル「シャーサッカー」五発の探知ができなかった。もちろん迎撃は失敗している。一発はクウェートのショッピングセンター敷地内に着弾し、もう一発はクウェート領内の米海兵隊司令部から一マイル（一・六キロ）以内の場所に落下した。シャーサッカーは旧ソ連が開発した対艦ミサイル「スティックス」の中国型シルクワームを沿岸防衛用にした型で、基は一九六〇年代初期の技術で開発されたミサイルだから、現在の技術水準から見ると相当に古く、実際、速度・射程の割には大きくて遅い。一九九一年の湾岸戦争でも、ペルシャ湾の多国籍軍水上艦に向けて発射されたが、英駆逐艦が、これも技術的にはすでに旧式であった「シー・ダート」という艦対空ミサイルで撃墜している。洋上の障害物がない場所で、大型で低速のミサイルなら迎撃は比較的容易だが、高速で小型、しかもステルス性に優れる対艦ミサイルや巡航ミサイルが飛んでくると、その探知や撃墜は現在の技術でも難しい。陸上ではさらに難しくなる。

パトリオットＰＡＣ-３は巡航ミサイルのような小型で低空を飛んでくる目標も迎撃できるとされ、事実、巡航ミサイルを模した標的に対する迎撃実験に成功している。しかし、パトリオットはそのレーダーや発射機を見ればわかるように、（それらが向いている）ある特定の方向にしか対応できない。飛来する方向が特定されているならまだしも、現在の巡航ミサイルは途中でいろいろコースを変更して、例えば目標の後ろに回って、発射地点とは全く逆の方向から攻撃するというような芸当もできる。そのためＰＡＣ-３を基に米独伊で共同開発中（二〇〇八年中期現在、部隊配備開始は二〇一五年からの予定）のＭＥＡＤＳ（Medium Extended-Range Air Defense System：中型射程延長型防空システム）

パトリオットPAC-3を基に、米独伊3カ国が共同で開発中のMEADS。
[MEADS International]

では、三六〇度全周回転型のレーダーと、垂直上方に発射して、どの方向から飛来する目標にも対応できるミサイル発射機が使用される。このＭＥＡＤＳ用に開発されている新しい技術は既製のパトリオットにも応用され、二〇〇八年からはＭＥＡＤＳ用の新戦闘管理装置の導入が開始される。二〇一〇年頃からは軽量型の発射機も実用化される予定である。

防衛庁技術研究本部が開発した（生産は三菱電機）陸上自衛隊の方面高射特科部隊（「方面」とは北部、東部、西部といった陸上自衛隊の最大規模の部隊編制で、数個師団・旅団で構成される）に装備されている03式中距離地対空誘導弾（通称は中ＳＡＭ）は、全周旋回型レーダーと垂直発射機を持ち、巡航ミサイルにも対応できるとされるが、どの程度の能力を持つものなのかはわからない。有効射程は五〇キロ以上とされるが、航空自衛隊が運用するパトリオットと防衛範囲が重複する可能性があり、統合的な（例えば横田基地に置かれる航空自衛隊の航空総隊司令部において）指揮統制を行わない限り、同じ目標を航空自衛隊と陸上自衛隊の地対空ミサイルが攻撃するという無駄をしかねないし、下手をすると味方（航空自衛隊）の航空機を撃墜してしまいかねない。敵味方識別は非常に難しい課題で、現在でも有効な解決策はなく、いろいろと技術的手段が探られている。

防衛省は長射程の地対空ミサイル（先進ＳＡＭ）の開発計画を持ち、パトリオットの後継として、巡航ミサイルの迎撃機能も重視されるという。

陸上自衛隊の防空戦闘用に開発中（二〇〇八年中期時点）の対空戦闘指揮統制システムは、航空自衛隊の防空システム（ＢＡＤＧＥ（バッジ））と連結できるようにしないと、無駄な迎撃や同士討ちが起こりかねない。また航空自衛隊のＥ-７６７早期警戒管制機（ＡＷＡＣＳ（エイワックス））とデータリンクで結ばれていないと、ＡＷＡＣＳが探知した空中目標（脅威）のデータが得られないから、目標が地平線の上に来るまで（中ＳＡＭのレーダーが探知できる範囲に目標が来るまで）探知ができない。Ｅ-７６７が巡航ミサイルを探知できるかという点は次に説明するが、Ｅ-７６７から航空機の探知情報すら来ないとなると、せっかくの全周迎撃能力と五〇キロを超えるとされる有効防衛範囲が生かせない。

戦闘機による巡航ミサイル迎撃

海面や地上を背景に飛ぶ小型の巡航ミサイルを発見し、攻撃することは非常に難しかったが、二〇〇〇年代に入ると新型のレーダーが出現し、巡航ミサイル迎撃用として期待できるようになった。

巡航ミサイルの防衛には、高高度から早期警戒機などで地表近くを飛行するミサイルを探知し、戦闘機を誘導、迎撃する必要がある。 [MDA]

AESA（エイーサ）（Active Electronically Scanned Array：アクティブ電子走査型アレイ）レーダーと呼ばれ、一個一個が小型のレーダーとしての機能を持つ素子を数百個から数千個集め、それを全体として一つのレーダーとして働くようにしている。全部の素子の出力を一つに集めるように制御すれば非常に大きな電波エネルギーが得られるし、ビームの形状を変えれば広域捜索や集中的な目標追尾ができる。それを組み合わせて、一部のビームを目標の捜索に使用し、別のビームを追尾という具合に複数の用法が同時にできる。また一部の素子をデータリンクに使ったり、大出力ビームを特定の電子装置（例えば敵のレーダー）に集中して破壊したり、さらには敵のネットワークシステムの中に入り込んで偽の情報を送り込んだりという芸当もできるようになる。ビームの集中ができるなら、空対空ミサイルを使用しなくても、巡航ミサイルの誘導装置や推進装置の機能を停止させられる可能性がある。F／A-18E／F型スーパー・ホーネットに搭載されているAPG-79というAESAレーダーは、一五〇キロ以上の遠方から、敵の防空レーダーや対レーダー・ミサイルに偽の情報を送り込めるといわれる。こうした多用途機能を十分に発揮させるために、AESAレーダーを搭載する戦闘機は、単座型よりも複座型の方がよいという考え方も生まれてきた。

F/A-18F戦闘攻撃機と、搭載されているAPG-79AESA型レーダー。
［Boeing］［Raytheon］

　AESAレーダーは基本的にアクティブ・フェーズド・アレイ型レーダー（APAR）であり、航空自衛隊のF-2支援戦闘機に搭載されているレーダー（J／APG-1）もこの型に他ならない。F-2開発当時（開発計画名はFS-X）、日本は戦闘機用APARとしてAPG-1は世界初で最も進んでいると豪語した。しかし、その後AESA型に発展させる努力が続けられた様子がなく、F-15J／DJの近代化改造では、レイセオン社製のAPG-63(V)1型を既存型に替えて搭載している。(V)1型はAPG-63の信頼性を高めるために、レーダー・ビームの発生装置と、信号処理部のバックエンドと呼ばれる部分の改良を施した型で、基本型とそれほど変わりはない。

　このバックエンド部のソフトウエアを改良したのが暫定的な(V)2型で、フロントエンド部（アンテナ）を、米海軍のF/A-18E/Fスーパー・ホーネット戦闘攻撃機に搭載されているAPG-73型AESAレーダーに使われている型にしたのが(V)3型である。ただしF-15のレドーム（機首のレーダー・アンテナを収容している先端部）はF/A-18よりも大きいので、その分アンテナの寸法もAPG-73より大きくなっている。AESAレーダーの出力は素子の数、すなわちアンテナの大きさで決まってくるので、F-15用のAPG-63(V)3は、F-22ラプターに搭載されているAPG-77型よりも大きな出力が得られる。それだけ遠方の目標を探知する性能や、小さな目標を捕捉できる

シンガポール空軍が採用したF-15SG型戦闘機（上）と、搭載されているAPG-63(V)3型AESAレーダー。
［Boeing］［Raytheon］

能力が高くなることを意味するし、ＡＥＳＡレーダーを電子的な攻撃手段に用いる（それは、巡航ミサイルの誘導用電子装置を誤作動をさせたり破壊したりする目的にも使用できる）場合に、より大きな出力の攻撃用電波を放射できることも意味している。（Ｖ）３型は（Ｖ）１型に比べて四〇〇キロも軽くなり、信頼性は五〇〇パーセントも向上した。この（Ｖ）３型はシンガポール空軍のＦ－15ＳＧ型にも搭載されている。

レイセオン社はさらに、（Ｖ）３型のアンテナにＡＰＧ－73のバックエンド部を組み合わせた（Ｖ）４型も開発した。空対空戦闘と対地攻撃を全く同じ形で、しかも同時に実施できる機能があり、電子妨害（妨害電波の発信）機能やデータリンク機能（ＲＣＤＬ）も有する。このＲＣＤＬを使用すると、レーダーで捉えた地上の映像を二三〇キロ遠方まで八〇ミリ秒で送信できる。つまり、（中継機を使うにせよデータリンクの電波が届くなら）リアルタイムの偵察ができるということである。

米空軍は当初Ｆ－15Ｃ～Ｅ型の四〇〇機にＡＰＧ－63（Ｖ）１型を装備する計画を二〇〇四年になって変更し、換装するレーダーはよりＡＥＳＡ型に近い（Ｖ）２型とすることにした。しかし、それも（Ｖ）３型の登場で、（Ｖ）２型の搭載はＦ－15Ｃ一九機だけで終え（このうち一八機はまずアラスカに配備され、のちに沖縄の嘉手納基地配備とされた）、空軍現役部隊と州空軍に配備されている二〇八機のＦ－15Ｃ型には（Ｖ）３型レーダーを搭載する方式に変えた。さらに二二四機のF‐15E型には(V)4型を搭載する。(V)4を搭載するF‐15Eは二〇〇九〜一〇年頃から実戦部隊への配備が始まる。

AESAレーダーは地表を背景にして飛ぶ小型のステルス巡航ミサイルのような目標でも発見でき、そこに空対空ミサイルを誘導できる機能を持つ。敵の領空にまで入って行って攻撃するのでなければ、広域を哨戒でき、遠方から目標を発見できる大型アンテナを持つAPG‐63(V)3／4型を搭載したF‐15の方が、F‐22よりも巡航ミサイル防衛には有利になる。妨害、あるいは攻撃(破壊)的な電波を集中させて巡航ミサイルを撃墜する「非破壊型」迎撃方法をとる場合にも、大出力のAPG‐63(V)3／4型の方が適している。

航空自衛隊のF‐15近代化改修と巡航ミサイル迎撃

航空自衛隊もF‐15にAPG‐63(V)1型レーダーを搭載する改造計画を中止して(V)3型か(V)4型に切り替えれば、高い巡航ミサイルの迎撃能力が得られるだろう。レイセオン社における(V)1型の生産はすでに二〇〇六年二月に終了してしまっている。

仮にAPG‐63(V)3／4型に換装するとしても、航空自衛隊は遠距離用空対空ミサイルとして米国のAIM‐120AMRAAM(アムラーム)を採用せず、技術研究本部と三菱電機が開発したAAM‐4を使用しているので、この空対空ミサイルを(V)3／4型レーダーで誘導できるようにできるか、という技術的な問題がある。ＡＡＭ－４はＡＭＲＡＡＭと同様にアクティブ終端誘導方式で、防衛省の説明では「世界最高レベルの性能」としているが、地表や海面からのレーダー波の乱反射の中から目標を捉えて追尾できる能力がどの程度のものかはわからない。

国産のAAM-4空対空ミサイルを発射するF-15J戦闘機。
［防衛省］

Ｆ－15の近代化改造は新型戦闘機の導入よりはイニシャルコストは安く済む。だが後述するように、Ｆ－４ＥＪ改の後継戦闘機選定が遅れたため、Ｆ－15の近代化改造計画が前倒しにされ、Ｆ－４ＥＪ改の退役に伴う防衛力の減少を補うという方策がとられているが、レーダーは（Ｖ）１型のままで、（Ｖ）３型ないしは（Ｖ）４型に移行するという予定はない。

しかし、巡航ミサイルに対する防衛という見地に限定して考えるなら、航空自衛隊がＦ－Ｘの最有力候補としているＦ－22と比較して、能力的にＦ－15の方が優れているとも一概には言い切れない。Ｆ－22のアフタバーナを使わなくても超音速で連続飛行できる高速移動能力や長距離飛行能力は、少数機でＦ－15より広域をカバーできる可能性がある。例えば、ある距離で巡航ミサイルの飛来を探知した場合、F‐15やF‐16がアフタバーナを使用してマッハ一・五で目標に接近すると戦闘時間は七分しかないが、F‐22なら四一分が得られる。このため、経費（調達価格と運用費）の問題と、広域監視・目標発見機能を高めることで、総合的にF‐22の持つF‐15に対する優越性を上回る効果が発揮できるかという点から考えねばならないだろう。石油価格の高騰に伴う航空燃料経費問題も、このF‐22のアフタバーナを使わない超音速巡航能力は少なからぬ意味を持つようになってきた。

航空自衛隊はF‐4EJ改戦闘機の後継となる次期戦闘機F‐X計画で、最初の七機を二〇〇五〜〇九年の中期防衛力整備計画中に（最後の二〇〇九年度中に）導入するという計画を立て、そのためには二〇〇七年度中にF‐Xの対象機を選定する必要があった。最有力候補（導入希望対象）として挙げられていたのが、米空軍が実戦部隊配備を開始したばかりのF‐22であったが、ステルス技術を始めとする最新の技術が外国に知られるのを警戒した米議会がこの戦闘機の輸出を許可せず（一九九七年度国防予算執行権限法で定めて以後、二〇〇八

航空自衛隊がF-4EJ戦闘機の後継とする腹積りでいたが、米国から輸出の許可が出ないF-22戦闘機。
［USAF］

年度予算でも輸出が解除されなかった)、F-Xの選定は次の中期防まで延期されることになった。表向きはミサイル防衛などに防衛予算が取られ、財政的に厳しいからとされている。しかし、航空自衛隊は内々はF-22に決めていたのだが、米国が許可しないから、待てば許可の可能性が出ることを期待して、採用決定(公表)を延期したというのが本音だろう。

一方、この状態を受けて、現F-X計画の次の戦闘機(F-15の後継機)は国内で開発するという目標を掲げて、技術研究本部が基礎研究を進めている戦闘機構成技術を、実際の飛行機で確認する「先進技術実証機(ATD-X)」(「心神」という愛称が与えられている)の実機製造計画を二年前倒しにして、二〇〇八年度から着手される方針が打ち出されて、同年度予算で一五七億円が認められた(二〇〇八年中期現在)。二〇一三年度までの開発期間で四六六億円の投入が見込まれているが、これは他の国の戦闘機開発計画と比べるとかなり安い。これも国産の次期戦闘機用技術実証エンジンXF5-1の研究開発費などが別途予算とされているからであろうが、仮に技術実証機が予定通り二〇一一年度中に初飛行しても、それからテスト飛行に数年を要し、その結果を基に実戦用の実用型を開発するなら、さらに最短でも一〇年を要する。戦闘機としてのトータルシステムの形で完成させるには、難問のソフトウエア開発などを含めると、順調に進んでも、どうしてもこのくらいはかかる。何か一つ技術的問題に直面しただけでも二年や三年はすぐに遅れる。

F‐22戦闘機の調達問題

開発が非常にうまくいったとしても、国産のステルス型戦闘機が実用化されるのは二〇二五年以後となる。二〇一七〜一八年という話もあるが、これはあまりに楽観的予測だろう。それでもソフトウエアを含む総合的な戦闘能力がF‐22を上回るか、それに匹敵するような性能が国産戦闘機で得られるかというと、大きな疑問がなしとしない。実戦経験がなければ得られない分野が多いからである。国産戦闘機の技術が満足できるものになったとしても、巡航ミサイル防衛にこの種のステルス戦闘機が必要であると判断されるなら、部隊配備を開始できる時期を考えると、それまでの間に米国製のF‐22かF‐35を導入するしかないだろう。

二〇〇七年時点で米空軍向けF‐22の調達は二〇〇七〜〇九年度の三年間で毎年二〇機ずつ実施され、二〇一一年に一八三機で終わるとされた。それでは早くても二〇一三年度以後の開始となるF‐35JSFの生産までに（ロッキード・マーチン社の）戦闘機生産に空白が生じる可能性がある。当然ながら米空軍やロッキード・マーチン社は、さらなる追加調達（生産）を希望している。米空軍としてみれば一九九〇年代初期には七五〇機の調達を考えていたのが、冷戦の終了で六四八機に減らされ、さらに四三八機、三八一機になり、これが最低水準（一個スコードロン二四機編制の一〇個を維持するに必要な数）としていたのが、前述のようにＱＤＲで一八三機にまで減らされてしまった。これでは全世界展開任務が遂行できない、と米空軍は主張する。

さらに空軍のＦ-22調達数増加要請を裏付けるような事態が発生した。二〇〇七年一一月二日に、ミズーリ州空軍のＦ-15Ｃが訓練中、コックピット直後の胴体が折れて墜落するという事故が起こったのである。Ｆ-15はそれ以前にも、二〇〇七年中に三回の墜落事故を起こしていて、機体の構造的疲労や老朽化が懸念されていたのだが、一一月の事故は胴体が折れるという前代未聞の事故であるだけに米空軍は重視し、直ちにすべてのＦ-15の飛行を停止して原因の調査に当たった。

そこでＦ-15の退役予定を早め、代わりにＦ-22をという話が出てきた（二〇〇八年初期時点）のだが、当然このＦ-15の事故をＦ-22調達数増加の理由に利用しているのではないかという疑問も、生まれている。米空軍や航空自衛隊のＦ-15は、近代化改造の際に構造材の接合方式を新しいものに変えて、より軽量で強度も高まるもの（グリッド・ロック構造と呼ばれる）にするなどの、機体構造強度の改善も行っている。

国防総省の中にも（なにしろＱＤＲでＦ-22は一八三機でよいとしたのだから）空軍の

F-22追加調達要求には批判的な声も多く、空軍が二〇〇九年度補正予算でさらに二〇機の追加調達（合計二〇三機になる）を求めたのに対して、ゴードン・イングランド国防副長官はわずかに四機の追加調達しか認めなかった（合計一八七機）。ロッキード・マーチン社の主力工場の一つがあるジョージア州選出議員の質問に答えたものであるが、同社はF-22の生産ライン維持のためには、年に最少一〇機の生産が必要としていたから、この回答は、同社や議員はもとより、空軍も失望させた。

結局、二〇〇八年中期時点になると、F-22の追加生産はほぼ絶望的だろうと広く認識されるようになった。米空軍はなお諦めきれず、二〇〇八年七月には新任の米空軍司令官が議会でF-22追加調達の必要性を訴えている。一方、航空自衛隊はこの状況から、二〇〇八年三月一九日、F-X選定担当チームを米ロッキード・マーチン社に派遣して、F-35JSFのシミュレーターによる体験をはじめとする技術情報収集を行うと発表した。F-Xの候補としてF-35が浮上してきたことになる。米空軍は日本に最適なF-XはF-15FX型だとしているが、日本はすでにライセンス生産したF-15では、いくら内部は最新型であるとしても、技術的に得るところが少ないと考えてか、あるいはもうシンガポールや韓国も持っている型を、プライドから今さら日本もF-Xとしては採用できないのかはわからないが、F-15FX型にはほとんど関心を示していないようである。国民、納税者の立場からするなら、所定の性能が満たされるのであれば、すでに生産用ジグ（治具）が存在するF-15FXの方が、生産経費も、また教育・訓練・運用経費も少なくて済む。

F-22は大きな戦闘行動半径は有しても、元来、対地攻撃や対艦攻撃はほとんど考えていなかったから、日本での用途、特に次章で述べる北朝鮮のミサイル基地を攻撃するといった目的には向いていない。敵のレーダーなどに探知され難く、かつ大きな対地攻撃力と戦闘行動半径を持つ機種となれば、おそらくF-35が最適であろうが、この機種は九カ国が共同開発中で、米国以外の国の軍に対して最初の部隊配備（実用化）は、二〇〇八年中期時点の見込みでは、早くても二〇一四年、日本が採用しても、共同開発・調達計画に参加している九カ国への部隊配備が進み、ある程度生産に余裕が出てからの話になるから、航空自衛隊が手にできるまでにはかなり時間がかかる。オーストラリアの場合で、二〇〇八年中期時点の見込みでは、F-35の受領開始は二〇一五年以後である。さらに日本でライセンス生産をするつもりなら、その（技術移転）承認問題でさらに時間がかかる。最も早い入手方法は米軍向けに米国で生産している機体を日本に（電子装置などを一部日本仕様として）回してもらうことだが、米軍（空軍、海軍、海兵隊）でも、F-35を一刻も早く欲しいという状態だから、日本に回してやるほどの余裕ができるかは疑問である。

日本がどの型を希望するかにもよるが、従来の航空自衛隊の方式からは、米空軍が採用するF-35A型（滑走路を使って発着するCTOL型）になる可能性が大きい。しかし、イスラエルは次期戦闘機として当初はF-35Aを考えていたものの、ヒズボラやハマス、あるいはイランが長射程のロケット弾、地対地ミサイルを保有し、イスラエル国内空軍基地の滑走路が破壊される危険度が高まったとして、短距離発進・垂直着陸（STOVL）型のF-35B（米海兵隊と英海軍が採用する予定）の導入の検討も開始した。日本も北朝鮮や中国の弾道ミサイル、巡航ミサイルによる航空基地攻撃の可能性を考えるなら、F-XにF-35Bを選定するという可能性も真剣に検討すべきだろう。もしF-35Bを採用するなら、第4章で述べるように、海上自衛隊の「ひゅうが」型ヘリコプター護衛艦（DDH）、ないしは、より航空機運用能力を高めた発達型DDHへの搭載も可能で、強力な洋上航空作戦能力、つまりは（現在日本に欠けている軍事力の一分野である）パワープロジェクション能力を持てるようになる。搭載するF-35Bは海上自衛隊の所属

次期戦闘機としてF-35JSFを導入する予定のイスラエル空軍は、ミサイルやロケット弾で滑走を破壊される危険性から、短距離発進・垂直着陸型のF-35B（写真）への関心を高めている。
［Lockheed Marin］

である必要はない。航空自衛隊の機体でも、海上自衛隊のＤＤＨに搭載され、本当の意味での「統合運用」を実現するなら、国民、納税者としても防衛費の効率的運用と、実質的な防衛能力の向上が得られるはずである。

無人繋留型の気球にAESA型レーダーを搭載して巡航ミサイルの探知を行なうJ-Lens。［Raytheon］

巡航ミサイル早期警戒・探知システム

米陸軍は巡航ミサイルの飛来を早期に探知するために、Ｊ-Ｌｅｎｓ（ジェイレンズ）（Joint Land Attack Cruise Missile Defense Elevated Netted Sensor：統合陸上攻撃巡航ミサイル防衛用上空配備型ネット接続センサーの略）という無人の繋留型気球にＡＥＳＡレーダーを搭載して、上空から三六〇度の警戒を行おうと考え、レイセオン社はレーダー開発・実験の契約を得て、二〇一一年から技術試験を開始する。

高高度無人飛行船よりはずっと簡素だが、それでも一システムの価格は一億五〇〇〇万ドルもするから、そう安いものではない。一二システムで合計七一億ドルが予想されている。計画では二〇一二年に実用実験が完了する。

繋留気球は洋上に前進配備した船から揚げることもできるが、高高度から広域を監視するには飛行船か航空機の方が優れている。航空自衛隊にはE-767AWACS四機とE-2Cホークアイ早期警戒機一三機があり、共に二〇〇八年中期現在、能力向上改造計画に着手されている。E-767には米空軍のE-3Cセントリーやほぼ同型のNATO-AWACSに実施されているのと同様な能力向上改造が行われ、レーダーのパルス・ドップラー・モードが改良されて、より小さな、ステルス性が高い目標を探知できるようになるが、それでも新しいステルス巡航ミサイルに対応するには不十分とされる。E-2Cには米海軍のホークアイ2000型に匹敵する近代化改造が実施され、これも巡航ミサイルのような低空で飛来する小さな目標を探知できる能力が高まるが、ステルス型巡航ミサイルの探知に

航空自衛隊が13機を装備して近代化改造中のE-2C早期警戒機と、増勢を検討しているE-767J早期警戒管制機。
［防衛省］

はAESAレーダーへの切り替えが必要という。前述の二〇〇八年一月に防衛省が公表した巡航ミサイル迎撃システムの開発・導入計画では、E-767の数を増やす案が検討されている。

巡航ミサイルの探知用として米空軍が研究開発を進めているのがMP-RTIP（Multiple-Platform Radar Technology Insertion Program：複数プラットホーム用レーダー技術挿入計画）というレーダーで、二〇一〇年からボーイング767を改造した実験機E-10に搭載しての実験が開始される。

F-22戦闘機が搭載するAPG-77レーダー 30基分の出力があるMP-RTIPレーダー。［USAF］

このレーダーはノースロップ・グラマン社とレイセオン社が共同で開発しているもので、アンテナは一・二×六・四メートルの大きさがある。RQ-4グローバル・ホークという無人機にも搭載する計画（二〇一一年頃）があり、その場合アンテナの寸法は〇・四六×一・二メートルの大きさになる。アンテナの大きさ（素子数、開口長）は大きいほど高い探知能力（距離、識別）が得られる。E-10に搭載される予定の型の場合では、F-22戦闘機が搭載するAPG-77レーダーを三〇基集めたほどの出力がある。MP-RTIPレーダーは機体の下面に装備するのが効果的であるため、E-3への搭載は計画されていない。またE-8のレーダーをMP-RTIP型に換装する方式も、機体の大きさからアンテナを短く、また高さも低くせねばならず、不経済と考えられている。

防衛省の巡航ミサイル防衛システムの開発・装備計画では、海上自衛隊のP-1国産新型洋上哨戒機を基に、「大型の高性能レーダー」を搭載する案が検討されているという。どうしてP-1が選ばれたのかはわからないが、運用は海上自衛隊が行うというので、C-X輸送機ではなくP-1とされたのだろう。レーダーは機首、胴体両側面、機尾に装備するレーダー・アレイ（胴体側面の方は、いわゆるコンフォーマル型レーダーとなる）の画像を、コンピュータが連結して、三六〇度全周方向の監視ができるようにする。MP-RTIPのような形でAESA型レーダーを搭載するなら、胴体下の地上との間（グラウンド・クリアランス）が問題となる。この高さでアンテナの大きさが制限されるからである。（二〇〇八年中期時点で開発中の）C-X輸送機を基に、国産型のAWACSを造ることはそう難しくはない。レーダーは機体の外板上に一体型に取り付けるコンフォーマル・アレイ型とするか、あるいは次に述べるE-2Dのように、胴体上面に持ち上げたレドームの中に収容する方式が考えられるが、ＡＥＳＡ型レーダーを含めてハードウエアを造る基本技術はすでに日本に存在する。あとは、地上からのレーダー波の乱反射の中から小さな目標を取り出すといったソフトウエアの技術である。その開発にはかなり高度なノウハウとデータベースが必要とされる。これは実際にやってみないと、なかなか進歩しない。

E-2CのレーダーをAESA型に変えて、性能を大幅に強化したE-2D型ホークアイ。　[Northrop Grumman]

Ｅ‐２ホークアイは、二〇一一年頃に開発が完了するＥ‐２Ｄ型でＡＥＳＡレーダーが搭載される。旋回型レドーム（ロートドーム）を使用しているが、その中にＡＥＳＡ型レーダー（ＡＰＹ‐9）のアンテナ（ＡＤＳ‐18）を収容する方式で、機体の方向にかかわらず、全周方向の精密な監視ができる。Ｅ‐２Ｃ型に比べて捜索空間が二五〇パーセントも増大し、陸上での監視・探知能力も向上して、元来、洋上での運用を基本として開発されてきたレーダー・システムが、海上と陸上の区別なく使えるようになる。エンジンは出力が大きいロールス・ロイスＴ56‐Ａ‐４２７Ａ型に変更され、監視空域での滞空時間も、Ｃ型の四・五時間から八時間に増大する。

二〇〇七年四月に試作機二機が完成し、米海軍は七五機の調達を予定、二〇一一年から部隊配備が始まる。航空自衛隊のE-2Cも、ホークアイ2000型への改造から、さらにD型仕様への改造を行うなら、新規に調達するよりは安い経費で巡航ミサイル監視能力を高めることができる。ただし、C型からD型への改造が技術的に可能なのかという問題に加えて、航空自衛隊のE-2Cは陸上基地からの運用だから、空母から作戦する米海軍のE-2Cよりは機体構造へのストレスは少ないものの、航空自衛隊の今後のE-2C使用予定計画と、機体の耐用寿命（構造疲労状況）からの比較検討が必要になる。

レーダーを人工衛星に搭載するという方法もある。米空軍が「スペース・レーダー（Space Radar）」という計画名で開発、配備を考えていたが、航空機よりも高高度（数十倍の高さとなる）を周回する衛星だから、それだけ目標から遠く離れることになり、大きな出力（電源）が必要になるか、探知能力が低下する。アンテナ長を大きくして補うという方式もあるが、それだけ衛星は大型化する。だいたい、スペース・レーダーは全地球をカバーしようとすると最少でも九基以上が必要になり、高額の経費がかかるために、米国の計画は二〇〇八年に事実上中止とされてしまった。

日本でこの種のレーダー衛星を独自に保有しようとする場合、、専守防衛戦略の日本が世界をカバーする（周回衛星となるから、必然的にある緯度の範囲で世界をカバーできる）

衛星が必要なのか（継続的に監視しようとするなら、相当数の衛星を打ち上げなければならない）という疑問が出るだろう。

必要な日本独自の巡航ミサイル探知システム

したがって、巡航ミサイルの早期警戒・防衛用としては、航空機か高高度無人飛行船にレーダーや赤外線センサーを搭載する方式が現実的という結論になる。しかし、航空機でも有人機の場合には、E-767のような大型機でも一機の哨戒時間は八〜一二時間で、空中給油を受けても一八時間が限度である。空中給油の回数は増やせても、それ以上の長時間になると乗員の能力（運用効率）が急激に低下してしまう。そのため、長時間の継続哨戒なら無人機の方が適しているが、現在のところ、無人機の長所（人間が乗らない分だけ小型軽量にできる）を生かすという目的から、それほど大型の機体は造られていないので、必然的に搭載できるレーダー（アンテナ）の大きさも小さくなる。前述のように最大級の無人機であるグローバル・ホークでも、MP-RTIPレーダーの大きさは、E-10に搭載される型の半分しかない。

グローバル・ホークは二〇〇九年から米空軍がグアム島のアンダーセン空軍基地に配備を開始して（当面三機、のちに四機）、西太平洋からインド洋に至る広域の哨戒を実施し

米国が中心となり、太平洋の諸国と共同運用が計画されているグローバル・ホーク。［Northrop Grumman］

ようとしている。さらにグローバル・ホークの調達と運用を太平洋地域の各国と共同で行おうという計画（グローバル・ホーク・コンソーシアム）もあり、日本、韓国、オーストラリア、シンガポールに声をかけて構想の説明をしている。一方、これら各国は、独自にグローバル・ホーク、ないしはそれに類する大型高高度無人機の採用も計画している（機種はグローバル・ホークに限定されていないし、国内開発を意図している国もある）。米国はフィリピン、インドネシア、マレーシア、タイ、ブルネイ、インド、スリランカにもコンソーシアムへの参加を打診している。

将来的には、グローバル・ホークの機体を基に、オーストラリアと日本製のセンサーを搭載し、インドが開発するソフトウエアで動かし、得られた情報をシンガポールの多国籍解析センターで分析するシステムを造り、グアム島から発進したグローバル・ホークはタイに着陸して給油を受け、インド洋にまで足を伸ばすといった構想も語られている。

しかし、この計画は洋上監視が主であって、日本に対する巡航ミサイル防衛という特定箇所の監視行動を意図したものではない。日本の巡航ミサイル（および弾道ミサイル）防衛の警戒用としては、やはり日本が独自に持たねばならないだろう。日本は二〇〇六年初期に、高高度長時間滞空（ＨＡＬＥ）型無人機の装備計画を打ち出し、米国のグローバル・ホークやプレデター（あるいはその海洋哨戒型のマリーナー）などの外国製と共に、国内開発型も検討候補に入れていた。一時はグローバル・ホークの（試験的な）導入も計画されたが、弾道ミサイル防衛に予算が取られたために先送りになってしまった。これまで述べてきたように、弾道ミサイルにせよ巡航ミサイルにせよ、いかに早く（遠方で）飛来を探知できるかが防衛成功の重要な鍵となるのだが、とりあえず、直接的な防衛手段の整備を優先するという方式は、脅威に直面している状況からすると理解できないものではないものの、早期警戒は他人（米国）任せという状況は変える必要があるだろう。

第2章　長距離攻撃能力

「他国に侵略的脅威を与えない」自衛力

日本は憲法第九条の解釈から、防衛に当たっては（どんな国でも軍備はすべて「防衛」のためであり、侵略目的を掲げてはいないが）「専守防衛戦略」であり、そのため政府の統一見解として、「わが国が持ちえる自衛力、これは他国に対して侵略的脅威を与えない」ものでなければならず（一九六七年三月三一日、参議院予算委員会での佐藤総理の答弁）、「性能上もっぱら他国の国土の壊滅的破壊のためにのみ用いられる兵器（例えば、ＩＣＢＭ、長距離戦略爆撃機等）については、いかなる場合においても、これを保持することが許されない」（一九七八年二月一四日、衆議院予算委員会提出資料）としてきた。

ところが北朝鮮の弾道ミサイルに対する脅威感が高まり、それに対する有効な防御手段が乏しい（二〇〇八年中期時点においても弾道ミサイル防衛システムは、米国のものでもまだ実験回数が少なく、高い信頼性が確認されたとは言えない）ために、日本も弾道ミサイルが発射される前に、その発射基地（発射機、発射台、あるいはミサイル本体）を破壊する手段を持つべきだ、という主張が出てきた。

このような攻撃能力は前述の政府統一見解により、「他国に脅威を与える」として、自衛隊の能力と装備保持の対象とされてはこなかった。それにもかかわらず保有論が生まれた背景には、「たとえば誘導弾等による攻撃を防御するのに、他に手段がないと認められる限り、誘導弾等の基地をたたくことは、法理的には自衛の範囲に含まれ、可能であるというべきもの」（一九五六年衆議院内閣委員会、鳩山総理の答弁書）という政府統一見解がなされているからである。同じ内容は三年後に、一九五九年三月一九日の衆議院内閣委員会における伊能防衛庁長官の答弁でも繰り返されている。

だからと言って、保有に関して国民のコンセンサスが得られ、世界の主流からも、それほど強い反対が出ない場合であったとしても、実現には種々の難しい問題がある。

「他国に対して（侵略的）脅威を与えない」装備とは何かというと、これは極めて政治的、かつ恣意的な判断となる。基本的に純粋な防衛用装備、純粋な攻撃用装備などはなく、装備（軍備）が相対的なものである以上、相手がどう受け取るかによって異なるし、どう運用されるかによって違ってくる。例えば一九七八年二月一三日の衆議院予算委員会における伊藤防衛局長の答弁として、「特に純粋に国土を守るためのもの、たとえば以前でございますと高射砲、現在で申しますとナイキとかホーク、そういったものは純粋に国土を守る防御用兵器であろうと思います」という件（くだり）がある。「ナイキ」はパトリオットを導入する前に航空自衛隊が装備していた地対空ミサイルであり、「ホーク」は、前章の、中ＳＡＭが現在交代しつつある陸上自衛隊の地対空ミサイルである。

しかし地対空ミサイルでも、相手国の領土に進攻中の味方地上部隊を守るために使用されるなら、相手国から見れば攻撃的（な使われ方をする）兵器であろうし、「純粋に国土を守るため」であるとこちらが考えても、その国土の領有権が相手の国と争われている場合には、向こうから見れば攻撃的に使われていることになる。領土の問題は、それを主張するいかなる国も必ず、「何一点疑問の余地なく自国領土だ」とするのが常である。

さらに領土権の争いが存在していない自国領土から、長射程の地対空ミサイルを発射して、相手国の領空内を飛行している航空機を撃墜するなら、その相手国からすれば攻撃的な使い方だろう。北海道の北部から長射程の地対空ミサイルを発射して、サハリン上空のロシア軍機を撃墜した場合、その地対空ミサイルは「攻撃的装備」となるのだろうか。そのような使われ方をする時は、日本とロシアが（現日本国憲法では許されていない）戦争状態にあり、日本は個別的自衛権を発動しているのだから、サハリン上空のロシア軍機を撃墜しても構わないとするなら、そのロシア機が発進したロシア国内の航空基地を攻撃してもよいということになるだろう。

発射直後の弾道ミサイルを撃墜する

こうした法的、政治的な解釈論議は別にして、現在の日本に、例えば北朝鮮を攻撃できる能力があるかといえば、答えはイエスである。ただし、目標を正確に捕捉して攻撃するというのと、ただ単純に北朝鮮の領内のどこかに爆弾を落としてくるのとではまるで違う。

後述するように、移動式弾道ミサイルの発射機（自走発射機、運搬・起倒・発射機を略してＴＥＬと呼ぶ）を探し出して攻撃・破壊するのは非常に難しい。ミサイルが発射される前に探知して破壊しなければならないが、発射直後なら、それを空中で撃墜する方法がないわけではない。ミサイルを発見できる可能性という点では、発射直後の方が（レーダーや赤外線センサーで）探知しやすい。米レイセオン社はＡＩＭ-１２０ＡＭＲＡＡＭ（アムラーム）空対空ミサイルを基に、弾道ミサイル撃墜用の空対空ミサイルを開発中である（二〇〇八年中期現在）。「ネットワーク中心型空中防衛要素（Network-Centric Airborne Defense Element）」を略してＮＣＡＤＥという、それだけでは何のことかわからない名称で呼ばれているが、要するに戦闘機（F-15、F-16、F/A-18、F-22、F-35など）に搭載する、弾道ミサイル迎撃（撃破）用ミサイルである。アクティブ・レーダー誘導装置と弾頭を収容しているＡＭＲＡＡＭの前半部に、新しく開発する液体燃料型の第二段部

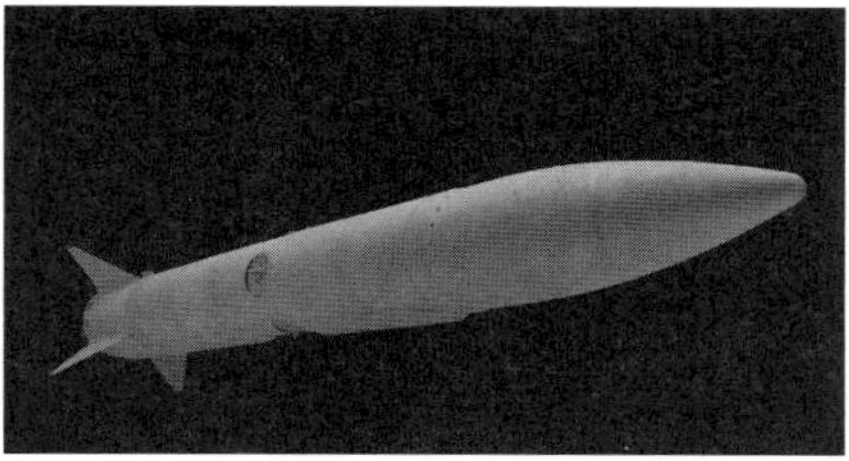
米レイセオン社が開発しているAMRAAM空対空ミサイルを基にした、弾道ミサイルを空中で撃破するNCADE迎撃ミサイル。 ［Raytheon］

を取り付け、赤外線画像誘導装置（熱線＝赤外線で目標の形を画像として捕捉し、その形を追尾する方式）を搭載するもので、大きさはＡＭＲＡＡＭと変わらず、重量は一二キロ軽くなる。したがってＦ-22ラプターやＦ-35ライトニングⅡのようなステルス型戦闘機・攻撃機の機内武倉庫内に収容できるので、ステルス性が損なわれることはない。レイセオン社は米国防総省のミサイル防衛局（ＭＤＡ）から、二〇〇六年度には八〇〇万ドル、二〇〇七年に一〇〇〇万ドルの契約を受け、同年七月から実射テストが開始された。開発がうまく進めば二〇一一年に実用化でき、一発一〇〇万ドル程度で生産できるという。

日本はＡＭＲＡＡＭに相当するＡＡＭ-4（99式空対空誘導弾）を実用化しているし、赤外線画像誘導装置技術もＡＡＭ-5（04式空対空誘導弾）で実現しているので、同種のミサイルを国内で開発するのは、そう難しい話ではないだろう（ただし、スカッドＣやノドンといった弾道ミサイルのロケット・モーターから放出される赤外線の特性による識別が必要な場合には、日本はその種のデータベースを持っていない）。しかし、移動式弾道ミサイルなら、次の発射を阻止するためにも、ＴＥＬや次発装填用のミサイルを搭載した運搬車を発見して、撃破せねばならない。また固定式の発射台の場合には、ミサイルが発射される前に破壊せねばならないし、発射後でも、それが再装填可能（次発発射可能）型であるなら、やはり破壊しておかねばならない。そうなると、爆弾や空対地ミサイルで破壊する方法しかない。

航空自衛隊のF‐2支援戦闘機に五〇〇ポンド（二二七キロ）爆弾を四発、自衛用に90式空対空誘導弾（AAM‐3かAAM‐5）を四発程度搭載して、増加燃料タンクを装備するなら、空中給油を受けなくても八〇〇キロほどの戦闘行動半径がある。真っすぐ目標に飛んで行って、爆撃した後は一直線に帰って来るつもりなら、北九州の築城基地から発進して、北朝鮮の南半分くらいの範囲にある目標を攻撃できる。もっとも、その場合の飛行パターン（プロファイル）は、ハイ・ロー・ハイと呼ばれる、高高度で飛んで行って目標近くで低空に降り、攻撃後は高高度で帰投するという方式である。北朝鮮による早期の感知を避けるために、当初から低空で高速で飛行して行くとか、攻撃目標を察知されないように、大きく回り込むような形のコースをとるなら、行動半径はもっと短くなる。ハイ・ロー・ハイの飛行方式で直線的に飛んで行くとしても、北朝鮮の近くや領空内で北朝鮮戦闘機の迎撃を受

航空自衛隊のF-2支援戦闘機（写真）に500lb爆弾4発と増加燃料タンクを搭載すると、800kmほどの戦闘行動半径が得られる。

けた場合、それらと戦闘（空中戦）を交えている燃料の余裕はほとんどないだろう。

そのために制空戦闘機のF-15を護衛に付けるという方法もあるが、F-15は空対空ミサイル（AAM-3、AAM-4各四発）と増加燃料タンクだけを搭載して行けば、二〇〇〇キロ近い戦闘行動半径はあるものの、F-2と同様に低空で飛んで行くなら、行動半径は一〇〇〇～一二〇〇キロ程度に落ちてしまう。しかもF-2が北朝鮮の戦闘機に攻撃された場合には、それを排除する（空対空戦闘を行う）役割で行くのだから、アフタバーナを使って高速で戦闘運動をすると、燃料はたちまちなくなってしまう。空戦となれば、増加燃料タンクにまだ燃料が残っていても、それを切り離して投棄せねばならない。

往きはF-2とF-15だけで低空を飛んで、攻撃終了後に日本海上空でKC-767空中給油機が待ち受けて燃料を給油してやるという方式も考えられないものではないが、その空中給油が何らかの理由で受けられない場合（KC-767が撃墜されてしまう、天候が急変したなど）、F-2やF-15は日本に帰り着けない結果になりかねない。この方式は、一九八二年のフォークランド紛争におけるアルゼンチン軍機の運用方式などに例がないわけではないが、かなりの危険と不確実性が伴う。

しかもこれらの方法では、北朝鮮の地対空ミサイルや高射砲による損害を考えていない。現時点において北朝鮮が保有する地対空ミサイルは、一九五〇年代から六〇年代にかけてソ連が開発したシステムで、一九七〇年代以降の開発で、八〇年代以後に実用化された新型はない。旧型でも電子装置をはじめとする近代化改造を施せば、ある程度の性能向上はできるが、それも限界があり、基本的に一から設計開発した新しいシステムには及ばない。実際のところ、北朝鮮の地対空ミサイルを含む防空システムが、現時点でどのような近代的な改良が施されているのかに関してはほとんど情報がない。米軍や韓国軍は電子的な情報収集で、そうした近代化の内容を探っているし、自衛隊もいろいろな電子情報収集活動を行っているはずだから、ある程度の内容はわかっているであろうと推測される。しかし、北朝鮮の防空能力は全体として旧式であると考えられるが、本当の能力に関しては不明な部分が多いのが実情だろう。

敵国に侵入して攻撃するために必要なステルス特性

そうなると、そして、このような状態が今後も続くなら、航空機による攻撃は、かなりの不確実要素と損害を覚悟せねばならないだろう。

こうした点から見るなら、F‐22ラプターのようなステルス性と航続性能に優れる戦闘機・攻撃機は大きな価値を持つ。後述する、弾道ミサイルや巡航ミサイルの発射機を探しながら攻撃する（サーチ・アンド・ストライク）手法をとるなら、さらにその価値は高まる。

ステルス型戦闘機（手前の2機、左はF-22、右はF-117）と非ステルス型戦闘機（向こう側の2機、左はF-15、右はF-4E）の編隊飛行
［USAF］

F‐22はおそらく一二〇〇キロ以上の戦闘行動半径を持つだろうから、北九州から発進して北朝鮮のほぼ全土に到達できる。ステルス性のおかげで、接近に当たって超低空を飛行する必要もないから、それだけ航続力が延びる。ＡＥＳＡレーダーは地上目標の捜索と捕捉に大きな威力を発揮するだろう。アフタバーナを使わずに超音速で長距離を飛行できるから、敵の領域内に入っても、高速のために敵に捕捉、撃墜される可能性が小さくなる。敵の領域内に進出して行くとなれば、ステルス性能は絶対的に必要な条件である。

一方、このようなステルス性に優れた戦闘機や攻撃機を保有するということは、相手の国内に探知されずに侵入できるということだから、周辺諸国から警戒心を持って受け取られるのは避けられない。「日本が攻撃するのは弾道ミサイルや巡航ミサイルの発射基地だけです」と宣言したところで、相手はその弾道ミサイルや巡航ミサイルが自国の「防衛力」と考えているのだから、それを攻撃、破壊されること自体が「脅威」である。それに、「攻撃対象はミサイルの発射基地だけです」などという説明を信用する国はない。そのような能力を持つのであれば、どんな目標の攻撃にも使える。能力がないのと実際に持っているのとでは全く違う。航空自衛隊のＦ‐Ｘの第一有力候補として日本がＦ‐22を挙げた時、韓国や中国が強い懸念を表明したり、同様な戦闘機を装備する意向を公表したりするのは、外交的な目的もあるが、軍事的にも全く故なきことではない。

ステルス機の探知技術と日本は保有できない大型爆撃機

実際のところはＦ‐22の航続能力でも、日本から発進して北朝鮮を攻撃するには心もとない。目標が移動式で、それを探し出して攻撃せねばならないなら、目標に一直線に向かって行って爆弾を落とし、また真っすぐに戻ってくる攻撃方法よりも、遥かに多くの燃料を必要とするからである。

侵入には成功しても、目標を攻撃すれば嫌でも相手はこちらの侵入に気づくから、帰路では敵が全力を挙げて捜索し、攻撃してくるのを覚悟せねばならない。敵の防空戦闘機と戦闘を交えねばならないなら、いくらこちらのステルス性が高く、敵には容易に発見されないとしても、高速を出せば多くの燃料を消費する。敵を探知して空対空ミサイルを発射するには、こちら（F-22）のレーダーを働かせねばならないから、結局、ステルス特性はその段階で大きく減じられてしまう。

軍事の世界では当然、ステルス機を何とか捉えようとする技術開発を行っている。前章で述べたＡＥＳＡレーダーもその一つだが、レーダー波の発信アンテナと受信アンテナを離して設置し、その間を通過する「物体」を探知する「バイスタティック型」レーダーやウルトラ・ワイド・バンド（ＵＷＢ）型レーダーなどの研究も進められている。空中に、ある定常的な電磁波環境を作り出しておいて、それが乱れることで「何かの通過」を探知しようという方式はすでに実用化され（どの程度の精度で探知できるかはわからない）、チェコ製のこの種のレーダー（ＶＥＲＡ-Ｅ）が中国に輸出されたという情報もある。

航空機による攻撃方式では、航空機が撃墜されるというだけではなく、乗員が脱出に成功しても、敵の捕虜になる事態への懸念もある。

航続能力を大きくしようとするなら、どうしても機体は大型化する。高度のステルス性と長距離航続能力を併せ持つ航空機の典型が米国のB-2Aスピリット爆撃機だが、これは世界のどんな分類基準に照らし合わせても、前述の日本政府の統一見解で言う「長距離戦略爆撃機」に相当する機種である。そのため統一見解を修正しない限り、日本はこの種の航空機を持つことができない。

統一見解に示された「数百マイルの行動半径」という件だけを見るなら、一〇〇〇マイルで、それが法定マイル（スタチュート・マイル）なら約一六〇〇キロ、ノーティカル・マイル（海里）なら約一八五〇キロだから、F-15やF-22でも十分に「数百マイルの行動半径」を持ち、（戦闘）行動半径だけで言うなら、もう日本はF-15で既に、これまでの政府統一見解を逸脱している。空中給油を受けるなら、さらに行動半径は増大する。これらF-15の対地攻撃能力や空中給油能力の保持については、政府の統一見解が国会で報告され、承認されているのだが、それについては本書の本題とは外れるので省略する。

B-2A（写真）のようなステルス型爆撃機は、日本が輸入することも、独自に開発することもできない。　[USAF]

統一見解は別としても、B-2Aのような大型爆撃機、ないしは攻撃機を、日本が輸入することも、独自に開発することもできない。B-2Aは二〇〇二年に生産を停止してしまった。二一機しか造られなかったが、それは冷戦の終了という理由だけではなく、単価が平均二一億ドル以上もしたからである。

それ以前の話として、F-22ですら売ってくれない（二〇〇八年中期現在）米国が、日本にB-2Aを輸出してくれるとは思えない。日本が独自に開発するとしても、非常に高価な経費がかかる。技術的にも、まだ日本のステルス技術がB-2Aを造れるとは考え難い。B-2Aの技術は米国の一九八〇年代のものだが、日本にはそのノウハウがない。戦闘機と爆撃機の技術には、かなり異なるものがあるとは言え、航空自衛隊がF-22を欲しがるのは、日本ではまだ当分、同様な性能を持つ機体ができないからである。搭載する装備も、例えばB-2AのAPQ-181というステルス性に優れたレーダー（カバート・レーダー）は、二〇〇八年中期時点の日本の技術力と経験では開発できないだろう。

既にある弾道ミサイル開発能力

前出の政府統一見解からするなら、そしてそれを変更しないなら、ICBM、IRBMといった弾道ミサイルも日本は持てない。政府統一見解はICBM、IRBMの定義をしていないが、冷戦中の米ソ戦略兵器制限条約（SALTやSTART）の区分に従えば、ICBMとは射程が五五〇〇キロ以上の弾道ミサイル、IRBMはそれ以下の弾道ミサイルだが、下限は定められていない。一般的には射程三〇〇キロ程度以下の（地対地）弾道ミサイルを戦術用、二〇〇〇キロ程度以下の弾道ミサイルを戦域用、二〇〇〇〜三〇〇〇キロ程度の射程を持つ弾道ミサイルをＭＲＢＭ、それ以上、五五〇〇キロ以下の射程のミサイルをＩＲＢＭと呼ぶ場合が多いが、これも普遍的に決まっているものではない。前記の数字も「程度」であって、厳格なものではない。ＭＲＢＭとＩＲＢＭとが混用される例も少なくない。さらに、「中距離核戦力全廃条約（ＩＮＦ）」による定義（射程五〇〇～五五〇〇キロの弾道ミサイルと巡航ミサイルを廃棄）や、射程三〇〇キロ、弾頭重量五〇〇キログラム以上のミサイルや無人機と、その関連技術の移転を制限する国際協約（加盟国のみ拘束される）「ミサイルと関連技術移転規制（ＭＴＣＲ）」における基準もあり、ミサイルの分類はケース・バイ・ケースで行われている。

弾道ミサイルや巡航ミサイルの保有に関して、日本が国際的に規制される、ないしは責任を負うべき規約はＭＴＣＲだけだが、これは条約ではないので強制力はない。また前記の条件を上回るミサイルの移転（輸出）を行う場合に、協約調印国に通知し、必要なら協議を行うというもので、その国が自国の防衛のために、制約条件を上回るミサイルを開発、保有するのを禁止するものではない。

したがって、日本が北朝鮮全土を射程に収められるような射程（一五〇〇～二〇〇〇キロ）の弾道ミサイルを開発・保有することは、ＩＲＢＭの射程は三〇〇〇キロ以上にすると勝手に定義するなら、政府統一見解を変えなくてもできる。ただし、日本はＭＴＣＲ成立に当たって旗振り役の一国であっただけに、その国が率先してこの種のミサイルを保有する点に関して、世界に対する道義上の問題は生じる。

技術的には、日本はすでに射程一五〇〇〜二〇〇〇キロの弾道ミサイルを開発できる能力を持つ。ただしＨ-２Ａロケットは、燃料に液体水素、酸化剤に液体酸素という超低温剤を使用するために、発射直前にロケットのタンクに充填せねばならないので、即応性が要求される軍用には向いていない。さらに液体燃料型のミサイルは、移動式はもとより固定式の発射台でも、燃料を充填したままでの長期の貯蔵には適さない。液体燃料型ロケット・モーターは液体の燃料と酸化剤を別々に搭載するが、酸化剤とは元来、酸化性（腐食性）が非常に強い化学剤なので、部品の劣化が速く、事故を起こしやすい。これまでにも米国や旧ソ連で、液体燃料型ミサイルが事故を起こした例がいくつもある。

そのため、軍用ミサイルは固体燃料型が望ましい。しかし、大型の（大直径で長い）固体燃料の製造には高度の技術が必要で、射程一五〇〇キロを超える固体燃料弾道ミサイルを造れる国はそう多くはない。文部科学省の宇宙科学研究所（現在は宇宙開発事業団と統合され、宇宙航空研究開発機構＝ＪＡＸＡ（ジャクサ）となった）が開発し、一九九七年から二〇〇六年にかけて発射された（七発、うち一回が失敗）Ｍ-Ｖ（ミューご）型ロケットは、重量、寸法で、米国のＩＣＢＭピースキーパーを上回り、もし地対地攻撃用として使用するなら、射程一万キロを超えるＩＣＢＭとして使用できる能力を持つ。低軌道（高度四〇〇～一〇〇〇キロ程度）なら二トンの人工衛星を打ち上げられるから、弾頭としてのペイロードには相当に重量の余裕がある。第三段目の直径でも二・二メートルもあるので、容積的にもかなり大きな、あるいは複数弾頭型のような複雑な弾頭が収容できる。人工衛星打ち上げロケットと弾道ミサイルの違いは、ペイロード（人工衛星や弾頭）をどの方向に打ち出すか（地球周回軌道に乗せるか、そのまま弾道を描いて地上の一点に向けて落下するようにするか）だけだから、人工衛星を打ち上げられる誘導装置があるなら、それを地対地弾道ミサイルに応用するのは難しい話ではない（実際には、地球の歪みによる重力の変化を補正せねばならず、また大気圏再突入に伴う高熱から弾頭部を保護する技術など、人工衛星打ち上げとは異なる課題があるが）。一時M-Vの技術に米国が強い関心を示したが、その理由はわからないものの、軍用に転用が可能な高性能

ICBM（大陸間弾道ミサイル）を上回る大きさと運搬能力を持つ国産のM-V型ロケット。7回の打ち上げで使用が停止されてしまった。
［JAXA］

固体燃料ロケットであったのは間違いない。

しかし、元来が人工衛星の打ち上げ用として開発されたロケットであり、生産・打ち上げ数が少ないために高価で（六四億円）、日本の宇宙開発組織の統合化に伴って、M-Vの生産と使用は七回の打ち上げで中止されてしまった。後継として二五〜三〇億円程度で製造できることを目標とした、かなり小型化された次期固体ロケット「イプシロン」を開発する計画がある。この型でも一トン以上の衛星を低軌道に打ち上げられるから、IRBM級の射程を持つ弾道ミサイルに応用できる。日本にはこうした技術基盤があるから、射程をもっと短くした固体燃料弾道ミサイルを開発するのは容易である。しかし、肝心の日本の宇宙ロケット（開発）計画が（二〇〇八年中期現在）迷走中で、次期固体ロケット開発の目処すらついていない。

日本でも開発可能な長射程巡航ミサイル

日本には、射程一五〇〇キロを超えるような長射程巡航ミサイルを開発する技術基盤もある。ここで言う巡航ミサイルとは、陸上目標を精密に攻撃できるミサイルを指す。この種の巡航ミサイルで有名な、そして嚆矢（こうし）とも呼べるのが、米国のトマホークとALCMである。トマホーク（制式記号はBGM-109）は米海軍が使用し、攻撃型および巡航ミサイル搭載型の原子力潜水艦と水上艦（巡洋艦と駆逐艦）から発射する。ＡＬＣＭは空軍のB-52爆撃機から発射する「空中発射巡航ミサイル」の略で、制式記号はＡＧＭ-86という。当初は核弾頭装備のB型だけであったが、通常弾頭を装備するC型とD型（貫徹力を高めた通常弾頭を搭載）も開発され、湾岸戦争を初陣として、その後いろいろな攻撃に使用されている。

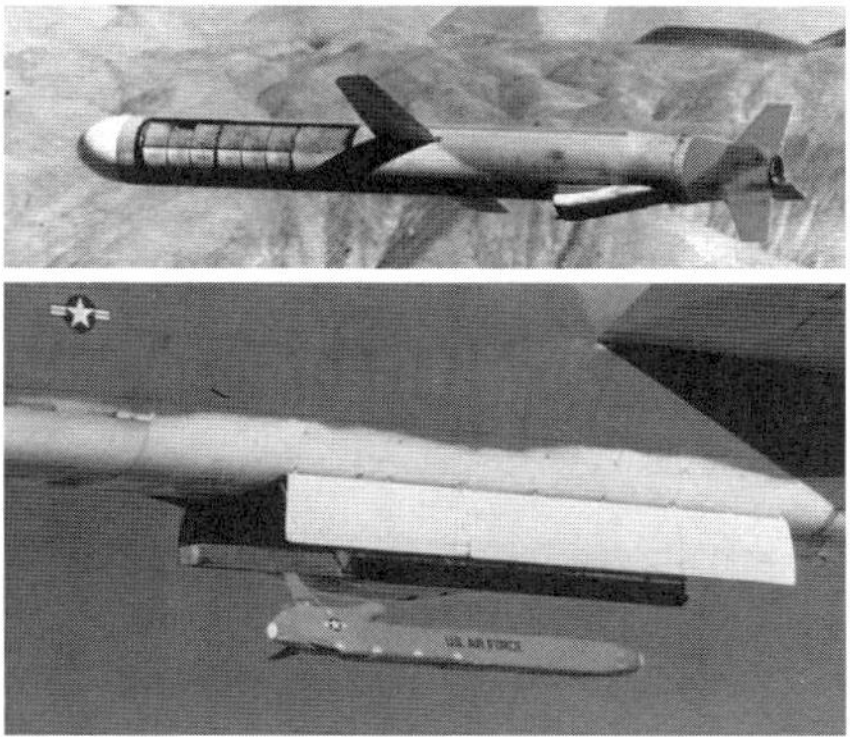

現在の日本には、1970年代に米国で開発・実用化された長射程の陸上目標攻撃用巡航ミサイル（海軍のトマホーク《上》と空軍の空中発射型ALCM）に匹敵するミサイルを開発できる技術基盤はある。
［U.S. Navy］［Boeing］

　トマホーク、ＡＬＣＭは共に一九七〇年代に開発されたものである。長射程の陸上精密攻撃能力を持つ巡航ミサイルの開発には、三つの大きな技術的課題がある。一つは効率（燃費）の良いジェット・エンジン、二つ目は長距離を誘導する技術、三つ目は目標を正確に把握して、そこに突入させる終端誘導技術である。

　エンジンは長距離を低空で飛ぶとなると、どうしてもロケット・モーターではなく、ジェット・エンジンでなければならない。トマホークの初期型は燃費が良いターボファン型ジェット・エンジンを用いていたが、最近はターボジェット型でも性能が良くなり、最新型の「タクティカル・トマホーク（通称タック・トム：Ｔａｃ・Ｔｏｍ）」（トマホーク・ブロックⅣ型）では安価なターボジェットを使っている。一九七〇年代には、巡航ミサイルに搭載できるような小型軽量（トマホークの胴体直径は五二センチしかない）のターボファン・エンジンを開発できる国は、ほとんど米国だけに限られていたが、その後、ソ連（ロシア）などでもこの種のエンジンの実用化に成功した。日本の国産対艦ミサイルＡＳＭ-2（93式空対艦誘導弾）も、国産の小型ターボジェットを装備している（ただし、ＡＳＭ-2の射程は一七〇キロ程度）。

長距離を誘導する基本的な技術は慣性誘導装置である。軍用ミサイルは、電波航法のような外部からの支援を受ける誘導装置だけでは、その支援（電波）が受けられなかった場合を考えておかねばならないので、自律航法ができる慣性誘導方式を基本としている。ところが、詳しい説明は省略するが、慣性誘導方式は精度の向上が難しい。現在の最新型でも、一時間飛ぶと一海里（一八五〇メートル）くらいの誤差が生まれる。慣性誘導はミサイルの動き（加速度）を感知して、時間で積分して自分の速度や現在位置を知る方式だから、加速度が感知できないと計算ができない。このため風に乗って流されると、計算位置は実際と大きく異なってしまう。

弾道ミサイルでは風による影響は小さいから、あまり問題にならないのだが、巡航ミサイルは低空を何時間も飛んで行くために、風の影響を無視できない。これをどう補正するかが問題で、米国はＴＥＲＣＯＭという補正方式を開発した。ＴＥＲＣＯＭは「地形照合（誘導装置）」の略で、事前にいくつかの高低差が激しい場所の高さを測定しておいて、その高低をミサイル下面に装備した電波高度計で測り、誘導用コンピュータに収めてあったその場所の事前の測定データ（これをデジタル・マップという）と比較して、実際の位置と予定コースとがどれだけ外れているかを知って、予定コースに戻すように修正してやる。

長射程の誘導と、終端での精密攻撃を可能にしたTERCOMとDSMAC誘導方式。TERCOMはデジタル・マップを、DSMACは目標の画像を利用する。［General Dynamics］

ここで重要なのはデジタル・マップで、人工衛星を使ってその地点の高低を精密に測定して作製する。ＴＥＲＣＯＭは当たり前だが海上では役に立たず、海岸や峡谷、あるいは高速道路の立体交差箇所といった高低の顕著な場所に限られるから、その場所は目標とする国か、その周辺の外国であって、飛行機で入って行けない場合には、事前測定（デジタル・

マップの作製）は人工衛星を使うしかない。一九七〇年代当時、これができるのは米国だけに限られていた。後にソ連も追従したようだが、人工衛星を自由に駆使できる国でなければできない芸当である。トマホークはイギリスも採用した。イギリスはその種の人工衛星を持っていないので、おそらく米国から、攻撃場所までの途中にあるＴＥＲＣＯＭ修正場所のデジタル・マップを供給してもらっていると推測される。攻撃場所が米国に知られて（推測されて）しまうが、米英の関係だからこそ、それが可能であったとも言えよう。

最近は各国が独自に地表をレーダーで探る衛星を持つようになった。スペースシャトルを使って造ったデジタル三次元地図なら、地球上の大半（南北各六〇度）が六〇メートル幅、高度六メートル、あるいは一〇メートル精度で公表されているので、これを利用すればかなりの精度でコース補正は可能である。

米国に依存する誘導方式の問題

ＧＰＳ（全地球測位システム）の普及によって、もっと高い精度で誘導（基本的には、今の自分の位置の把握）が可能になり、トマホークも一九九三年に実用化されたブロックⅢ型からＧＰＳ誘導装置を追加するようになった。しかし、これは前述のようにＧＰＳ衛星からの信号が受信できなかったり、ノイズを混ぜられたりすると利用ができなくなるので、あくまでも補助的手段である。ＧＰＳは米国防総省が運用しているので、米国の国益や米軍の作戦上から都合が悪い状況では、米軍以外の使用を（ノイズを混ぜたり暗号化したりして）制限する可能性がある。そのため欧州は、独自の測位衛星システム「ガリレオ」の建設計画を推進し、インドや中国も技術と資本の参加をしている。ソ連・ロシアはＧＬＯＮＡＳＳ（グロナス）という独自の測位衛星システムを持ち、中国は「北斗（ベイドウ）」測位衛星システムの建設を進めている。

DSMACを使うことで、トマホーク巡航ミサイルの命中精度はCEP10m以下に向上した。　[U.S. Navy]

　初期型のトマホークは慣性航法装置とＴＥＲＣＯＭで、八〇メートル程度のＣＥＰ（半数必中界）を得たとされる。この程度の命中精度でも、核弾頭ならまず確実に目標を破壊できるが、通常弾頭の場合は、もっと高い命中精度（誘導精度）を得ないと、目標の破壊は期待できない。そこで開発されたのがＤＳＭＡＣ（ディスマック）と呼ばれる「デジタル情景照合」方式で、目標のデジタル映像と、ミサイルの先端に装備したテレビカメラで捉えた前方の映像とをコンピュータが比較して、前方映像の中から目標を特定、そこに向けてコースをとるようにする装置である。

これによってCEPは一〇メートル以下に向上した。

目標の映像は偵察衛星や（スパイ）偵察機によって撮影する。人間のスパイが地上で撮影した映像を利用することもできるが、空中からミサイルが見たような形に変更する必要がある（現在では、それを可能にする技術が開発されているが）。偵察機も相手の国の中に侵入していかねば目標の撮影ができないし、相手に攻撃意図や対象を察知されてしまうので、結局、目標の映像は衛星を使って撮影するしかない。ところが一九七〇年代に偵察衛星、それもデジタル映像を撮影できる型を実用化していたのは米国だけだったので、精密誘導型巡航ミサイルは一九七〇年代中頃に実用化された後、しばらくは米国の独占状態であった。だが、現在では高精度のデジタル映像を民間の衛星画像会社から購入できる（それを保有している会社が属している国の意向で、必ずしもどんな映像でも撮影してくれるわけではないが）。日本でも可視光線型、レーダー（合成開口レーダー）型偵察衛星（情報収集衛星）を打ち上げているから、前者なら分解能が一メートル程度といわれるので、かなり精密な目標の識別とミサイルの誘導に使用できるだろう。

米国はさらに2ウエイ型のデータリンクを装備して、トマホークが飛翔中に新しい目標のデータを送って目標の変更を行ったり、先端に装備したDSMAC用テレビカメラの映像を通信衛星を介して後方（例えば、発射した水上艦）に送り、目標に突入する瞬間（最後）

の映像から、目標のどの部分に命中したかを知り、そこから目標をどれだけ破壊できたかを推測して、再度の攻撃が必要か否かの判断を行ったりできるような機能も持たせるようにした。これがタクティカル・トマホークで、二〇〇四年に実用化されている。エンジンをターボジェット型にするなどの設計の見直しで、生産価格をトマホーク・ブロックⅣ型の一発一四〇万ドルから、五六万九〇〇〇ドルと、半分以下に落としている。射程も核弾頭型トマホークの二五〇〇キロ、通常弾頭型の一二五〇〜一六五〇キロから二九六〇キロに延びた。米海軍は二〇〇四年八月に二二〇〇発を一六億ドルで調達する契約を結んだ。

　このタクティカル・トマホークは通常弾頭（爆発破片型と貫徹型とがある）専用型で、英海軍も当面六四

最新型のトマホーク（ブロックⅣ型、タクティカル・トマホーク）は2ウエイ型のデータリンクを装備し、発射後も目標の変更ができ、目標突入時の最後の瞬間の映像を送信できる。

［U.S. Navy］［Raytheon］

発を調達し（二〇〇八年中期現在、増加調達が検討されている）、オランダも三〇発の調達を計画したが、アフガニスタン作戦戦費から予算的に苦しくなり、二〇〇七年五月に調達計画を中止（無期延期）してしまった。米国はスペインにも売り込んで、こちらの方は二〇〇八年六月に一億五〇〇〇万ドルでの購入（数は不明）を決めた。イージス型のF−100フリゲート五隻の垂直発射機（VLS）に搭載される。

このような状況から考えると、日本がタクティカル・トマホークを米国から調達するのは、全く現実性がないという話ではないかもしれない。日本独自に同種の巡航ミサイルを開発できないこともないが、時間と経費がかかるし、TERCOMのためのデータ収集を行うとなると、さらに時間と経費がかかる。もし米国がタクティカル・トマホークを売ってくれるなら、その方がずっと安上がりだし、時間的にも早く実戦化できるだろう。ただし、目標までの誘導を行うTERCOM用のデジタル・マップを提供してくれるのか、目標のデジタル画像まで含まれるのか、デジタル・マップや目標の映像を要求することで日本が意図する攻撃目標が米国に知れてしまうが、それが外交上の制約にならないのかなど、実際に運用する場合には多くの疑問点や課題がある。

だが、仮にこのような問題がクリアーされたとしても、それで北朝鮮の弾道ミサイルを発射前に破壊できるかというと、また別の話である。

北朝鮮の弾道ミサイルにはスカッド改B、スカッドC、スカッドD、ノドン、ムスダンの名称が知られているが、映像で確認されているのは最初の二つだけである。

容易ではない弾道ミサイル発射台の発見

前述のように弾道ミサイルの発射台には移動式と固定式とがある。二〇〇八年中期現在で、日本に対して脅威になると予想される北朝鮮の弾道ミサイルにはスカッドC（火星6号）、まだその存在は映像では確認されていないが、スカッドD、ノドン、そしてこれも北朝鮮での実用化は未確認だが、ムスダン（BM-25）がある。テポドン1は前章で述べたように人工衛星打ち上げ用ロケットで、軍用のミサイルではないと推測されるし、二〇〇八年中期時点では、軍用として実戦配備されたという情報はない（日本や米国の政府関係機関は、それでもテポドン1を軍用の弾道ミサイルと分類している）。

仮にテポドン1が軍用としても、その多段式の構造から見て、発射台上は固定式で（移動型とするのは難しく）、それもサイロと呼ばれる地下や山の中の発射台上に据え付けるのが常識だろう。テポドン1の一段目にはノドンが応用されてい

スカッドやノドンは液体燃料型ミサイルで、発射に際して、ミサイルを垂直に立ててから燃料と酸化剤を注入する必要があり、これに1時間前後を要する。［UK MoD］

ると推測されるから、燃料と酸化剤を日頃から注入して、長期にわたってそのままの状態を保つのは不可能で、発射の直前に一時間程度をかけて注入してから発射する方式がとられる。その注入作業をミサイルが地下のサイロ内にある状態で行うのか、それともミサイルをエレベーターで地上に露出させてから行うのかはわからない。軍事的には地下で注入し、地表の蓋を開いてすぐに発射するのが望ましいが、安全性の面からは、地上にミサイルを出してから注入する方が良い。テポドン１が実戦配備されている様子はないから、当然、地上にミサイルを出して発射準備の訓練をしている映像を偵察衛星が捉えた、という情報もない。

地下サイロ配備方式はノドンとムスダンでも考えられる。移動式の発射台（ＴＥＬ）は、平時には特定の基地に配備しておき、使用時（有事）に、敵に容易に発見されないような場所に展開してミサイルを発射、すぐにその場所を移動して、別の場所からまた（次発ミサイルを装填して）発射するという使い方をされる。基地においては格納庫のような場所に入れておいて、整備や訓練時に外に引き出し、また時折は基地外へ展開しての発射訓練を行う。基地外の発射場所は、理論的にはどこからでも発射できるが、慣性誘導装置はその初期位置を正確に入力しないと命中精度が大きく低下するし、水平の発射場所が得られるとか、発射直前まで隠れていられるような、例えば森やトンネルなどがあるといった条件が満たされる地点が望ましいから、平時からいくつかそのような場所を調査して、展開訓練を実施しておくのが常識である。特にスカッドやノドンは液体燃料型であるから、ミサイルを垂直に立てた後に燃料を注入するために、その間は敵に発見されやすく、また近くに爆弾が落ちただけでも容易に破壊されてしまう脆弱な状態が続く。

これらの点から、弾道ミサイルの発射台を発見するのは容易ではないことがわかる。

まず地下サイロは、山や森の中の偵察衛星などでは簡単には発見できない場所に造り、カムフラージュを施しているだろう。冷戦時代、米ソは互いにそのＩＣＢＭの数を制限するために、配備場所が明確にわかるようにする取り決めを交わしたが、北朝鮮のような国が、そのような自己制約を行わねばならない理由はない。スパイや内部通報者からの情報提供があったとか、建設中の地下サイロを偶然に偵察衛星が捉えたという場合以外には、平時から、どこにどんな種類の弾道ミサイルが何発配備されているかを知るのは極めて難しい。サイロの蓋が開いている時に偵察衛星の撮影ができる可能性は、相手もこちらの偵察衛星の軌道は知っているから、衛星が通過する時刻にサイロの蓋を開くような間抜けた行為はまずしないだろう。もしサイロの蓋が開いているような映像が撮られたら、それは偽（ダミー）である可能性を疑ってみるべきだろう。

弾道ミサイルがサイロ内で燃料を注入される方式なら、蓋が開けられるのは発射直前、おそらく三〇秒前程度である。地上に持ち上げてから注入する方式でも、ミサイルが姿を現している時間は、移動式発射台と同様に一時間前後でしかない。その間に発見し、攻撃しないと発射を阻止できない。

固体燃料型ミサイルならば燃料注入の時間が不要になり、サイロの蓋を開ける、あるいはミサイルを垂直に立てると、すぐに発射できる。

北朝鮮には一万カ所を超えるトンネルや地下施設があるといわれ、ほとんどの部隊や装備はトンネル、地下に収容されているとされる。民間の画像衛星が撮影した北朝鮮の基地の映像を見ても、どうもそれは本当らしいと考えざるを得ないものがある。となれば、移動式弾道ミサイルもトンネルや地下に収容されているはずである。

つまり、外からは見えない。発射の時にトンネルから出て、すぐにミサイルを立てて発射し、またトンネルに戻ってしまうなら、その自走発射機を発見して破壊するのは極めて難しいだろう。

移動式ミサイルを探知するには、第1章で述べた「スペース・レーダー」のような衛星を使って、同じ場所を常に「監視し続ける」技術の実用化が必要となる。これを米国では「ステア（stare）」（凝視する、じろじろと見つめる）という言葉で表現している。ＳＡＲ（合成開口）型レーダーを装備した航空機を常時上空に飛ばし続けるなら同様な効果が得られるが、そのためには、その空域の航空優勢、というより、ほとんど絶対的な制空権を確保している必要がある。日本が北朝鮮の弾道ミサイル発射を阻止するための手段として、その自走発射機の位置を探知しようという場合は、北朝鮮国土内に侵入して行うわけだから、制空権はもとより、部分的な航空優勢すら確保できない条件でのものとなる。

湾岸戦争において、移動式発射機（写真）を使用するスカッド（アル・フセイン）弾道ミサイルを探し出し、それを破壊するのは極めて困難で、実際に破壊できた移動発射機はなかった。　[UN]

そのためＦ-22のようなステルス型戦闘・攻撃機を用いても、北朝鮮の領空に侵入できても、移動式のミサイル発射機を探し出すのは極めて難しいだろう。

地下・トンネル格納庫の破壊をどうするか

北朝鮮のミサイル移動発射機が地上の格納庫のような建物内部に並べられているなら、破壊するのはさほど難しくはないが、それには先制攻撃、それも一回きりの攻撃が必要で、日本の専守防衛戦略にはなじまないだろうし、国際法的にも疑問がある。さらに、格納庫の中に移動発射機が並んでいて、基地の外には出ていないという状況で攻撃をしない限り、当然、基地外に展開しているミサイル発射機からの報復攻撃を受ける。しかし、建物の中に何輌の移動発射機が並んでいるのかを（リアルタイムで）知るのはほとんど不可能である。湾岸戦争でも、イラク軍の航空基地の航空機防護シェルターを爆撃したものの、その中にイラク軍機が入っていたのか、入っていたとして、どのような機種にどの程度の損害を負わせたのかという判断が（偵察機や衛星といった）外部手段ではわからず、イラク軍の残存戦力評価に難渋した。この状態は現在でも変わっていない。

地下やトンネルの格納庫がどこにあるのかを探るのは極めて難しいし、それがどのよう

航空機やミサイル用防護シェルター（バンカー）を破壊しても、その中に航空機やミサイルが入っていたか、破壊できたかを確認するのはほとんど不可能に近い。（写真は湾岸戦争で破壊された、イラク軍の航空機用シェルター）［DoD］

弾道ミサイル用のトンネルや地下格納庫を破壊するには、高い貫徹力を持つ兵器と、格納庫の構造がわかっていなければ確実性は期待できない。［DoD］

な目的に使われているのかを外部から知るのはもっと難しい。電波を出してくれれば、その解析からある程度推測ができないこともないが、確実性は極めて低い。この種の情報はＨＵＭＩＮＴ（ヒューミント）、つまりスパイに頼るしかない。それも信頼性の問題に加えて、情報が最新のものでない限り、あまり役に立たない。

仮に場所がわかっても、その入り口を破壊したところで（入り口の扉を精密に攻撃すること自体難しいのだが、これについては次章で述べる）、内部にミサイル発射機が無傷で残っているなら、入り口の瓦礫を取り除けば、発射機を引き出してミサイルを発射するか、別の隠し場所に移動させられるから、発射機を確実に破壊せねば意味がない。

そのためには、地下施設やトンネルの構造がわかっていなければならない。この種の格納施設を、入り口から真っすぐに造る例はあまりなく、途中で曲げて、爆風や破片が奥まで届かないような構造にするのが普通である。直線形としても、入り口の扉の後方に、爆風を食い止めるいくつかの扉を設ける。

ここから発射機を破壊するには、その発射機が置かれている場所まで破壊力が及ぶような強大な破壊力を持つ爆発装置（爆弾）を用いるか、その場所まで浸透してから爆発する爆弾（弾頭）を使用せねばならない。

前者は詰まるところ核兵器ということである。広島、長崎に投下された原爆に相当する、現在では小型と呼べる核弾頭の爆発力（一五〜一七キロトン）でも、直撃に耐えられるような構造にするのは、ほとんど不可能である。しかし、日本の国是から核弾頭は使用できない。

通常弾頭（火薬）では二つの技術的問題がある。一つは、その場所まで突入できる高い貫徹力をどう得るかであり、もう一つは、その場所で確実に弾頭を炸裂させる技術である。

湾岸戦争中に、イラク軍の地下司令部を破壊するために、米国が急遽、艦載砲の砲身を利用して開発し、その後、改良型が増産されたGBU-28というレーザー誘導爆弾（レーザ

米国は湾岸戦争の時にイラク軍の地下司令部を破壊するためにGBU-28という貫徹型レーザー爆弾（写真の翼の下の爆弾）を開発したが、これでも強化コンクリートで6mまでしか貫けない。 [USAF]

米空軍は8mのコンクリートを貫徹できるMOPという爆弾を開発したが、重量が13.6tもあるため、B-52HかB-2A爆撃機（写真）以外には搭載できない。［USAF］

ーが使用できない天候条件の場合を考慮して、慣性誘導装置をGPSで補正する誘導装置も追加された）の貫徹力は、強化コンクリート（鉄筋コンクリート）で六メートル、乾いた土質で三〇メートルとされる。重量二一一三キロ、長さ五・九メートルという大型で、湾岸戦争の時はF-111F戦闘爆撃機が搭載したが、F-111が退役した現在、この爆弾を搭載できる機体はF-15Eストライク・イーグル戦闘爆撃機しかない。

米空軍は二〇〇四年から、より大きな貫徹力を持つ通常爆弾の開発を目指してMOP（Massive Ordnance Penetrator）という爆弾の開発に着手し、二〇〇七年四月に実験を開始した。長さ六メートル、重量一三・六トン、炸薬量二・七トンという巨大な爆弾で、土質で六〇メートル、二万七〇〇〇キロ／平方センチの強度を持つ強化コンクリートでも、八メートルの厚さを貫くことができる。ただし、この巨大な爆弾を搭載できるのはB-52HかB-2A爆撃機に限られる。したがって、この種の大型爆撃機を保有できない日本では、大きな貫徹力がある爆弾を持つのは不可能ということとなる。

貫徹型兵器の開発と信管

米国は移動式ミサイル発射機やテロリスト幹部の集合など、それを探知して（情報が入って）から、短時間のうちに攻撃しないと逃げられてしまうような目標を攻撃する手段として、潜水艦搭載弾道ミサイル（ＳＬＢＭ）やＩＣＢＭの核弾頭の代わりに通常弾頭を搭載する攻撃システムを研究している（二〇〇八年中期現在では、中止される可能性が大きい）。「迅速全地球攻撃（Prompt Global Strike)」を略してＰＧＳと呼んでいるが、ＳＬＢＭのトライデントⅡを開発・生産したロッキード・マーチン社は、一九九五年より同ミサイルに搭載する通常弾頭の研究開発を開始し、二〇〇二年から〇五年にかけて技術実証試験を行い、二〇〇六年には実用化の目処がついたとしている。貫徹力は実験では、一二三八メートル／秒で花崗岩の地面に突入して、一四メートルの深さまで到達できたと

米国は移動式ミサイルやテロリストを短時間で攻撃でき、地下司令部のような施設でも破壊できる手段としてトライデントⅡSLBMに通常弾頭を装備する計画を検討している。 [U.S. Navy]

される。この速度はマッハ三・六に相当するが、一般に使用されている貫徹型弾頭の最大突入速度がマッハ一・二前後、最大でもマッハ二程度だから、これは相当に速い。命中精度は誘導装置にＧＰＳを使用して、ＣＥＰ一〇メートル程度が得られるという。

いくら高速で突入できても、それが目標位置に到達する前に、弾頭が衝撃で破壊されてしまっては意味がない。このため弾頭にいろいろな工夫と、新しい材料や構造の研究開発が必要になる。弾体の材料には鋼鉄の他に炭化タングステン、タングステン合金、劣化ウランなどが考えられるが、構造など具体的詳細については秘密とされている。

さらに弾体の強度だけが高まっても、突入の衝撃で内部の炸薬が爆発してしまっては何にもならないので、衝撃に鈍感な炸薬が必要である。もちろん、信管によって点火された時には確実に所定の爆発力を発揮する炸薬でなければならない。この開発は結構難しく、現在でも各国で、より優れた性能を持つ炸薬の研究を続けている。

その炸薬を所定の位置で点火させる信管の開発も難問である。地面や目標の表面に到達した瞬間に信管が作動してしまったのではだめで、目標とするもの、例えばミサイル発射機や生物・化学兵器の貯蔵所、あるいは指揮統制司令部などがある場所に弾頭が到達した時に爆発するようにせねばならない。

この目的で開発され、二〇〇七年後半から実験が開始されたのがＨＴＶＳＦという信管である。「硬目標用空間感知信管（Hard Target Void Sensing Fuse）」の略で、地表や目標に着弾してから、爆弾（弾頭）がその通過していく材質によって減速される加速度（負の加速度）を感知、測定し、どのような物質を、どのくらいの距離（長さ）通過したかを信管のコンピュータが計算して、所定の場所に到達したと判断した時に炸薬を爆発させる。

衝撃への耐久性をどう高めるかが難しく、二〇〇三年にはHTSF（硬目標用スマート信管）計画が技術的問題と開発経費のオーバーで一時中止になったことがある。最低でも五〇G（重力加速度の五〇倍）の減速に耐えられるようにせねばならない（信管は弾頭後部の基底部に装着されるから、先端部の衝撃に耐える必要はない）。ドイツも同様な貫徹弾頭用管を開発し、トーラス巡航ミサイルに装備している。

通常弾頭装備型弾道ミサイルの応用

ロッキード・マーチン社はトライデントⅡへの通常弾頭装着は二〇〇七年度予算で承認されれば、二〇〇九年から実戦配備開始、二〇一一年には配備を完了できるとした。二〇〇六年二月に発表された米国防戦力の四年次見直し（QDR）では、弾道ミサイル搭載原子力潜水艦オハイオ級一四隻が搭載する各二四基のトライデントⅡのうち二基を通常弾頭搭載型として、合計九六発の通常弾頭を配備するという構想が打ち出されていた。

米空軍もＩＣＢＭに通常弾頭を搭載する方式を考え、「ミノタール」という、ＳＡＬＴによってすでに退役したピースキーパーＩＣＢＭのブースター部を利用した人工衛星打ち上げ用ロケットに通常弾頭を搭載すれば、二〇一三年までに配備が可能という計画を発表した。弾頭重量は九〇〇キロで、単一弾頭型と四発のＭＩＲＶ（複数個別誘導型弾頭）型とがあり、後者は複数弾頭を搭載する「バス」と呼ばれる装置を含めた重量が一七〇〇キロとなる。弾頭の形式には破片炸裂弾頭型と貫徹型とがある。ミノタールの代わりに、現用ＩＣＢＭのミニットマンⅢ型の一部を通常弾頭型に換装するという方式も検討している。

しかし、どちらの軍の案にしても、それが発射された時には、米国以外の国にはどの国の目標に向けて発射されたのかわからず、しかも、核弾頭付きなのか、通常弾頭装備型かの判断もできないから、ロシアや中国は（中国が弾道ミサイル発射の早期警戒システムを構築しているとした場合）、米国による自国への攻撃の可能性を考えて、米国に向けて自分の弾道ミサイルを発射してしまう懸念がある。米国防総省は、両国に対しては事前に通知する方法がとられると説明したが、それで相手が信じるという保証はない。仮に両国が米国からの通報を信じたとしても、目標とされている国や非国家勢力に、攻撃情報が漏れないという保証もない。

だいたいトライデントＳＬＢＭの場合、二二〇〇キロ先の目標を（トライデントⅡは、核弾頭装備型で最大八〇〇〇キロの射程がある）一二〜一三分で攻撃できるという即時攻撃能力が売り物なのだから、米国からロシアや中国に伝達して、国家首脳部から軍部までの理解、承認を得ている時間的余裕はほとんどないだろう。八〇〇〇キロの遠方から発射しても二〇分程度、ＩＣＢＭを使って米本土から一万キロ以上先の目標を攻撃する場合でも、飛翔時間（伝達余裕時間）は三〇分以下しかない。それでも米国防総省は、通常弾頭型のＩＣＢＭは（核弾頭装備型ＩＣＢＭが配備されていない）カリフォルニア州に配備することで、その発射地点からロシアや中国に通常弾頭型であるとわかるはずだというような説明をしているが、その発射されたミサイルが本当に通常弾頭型であると、客観的に（外部から）確認する方法はない。

結局、この懸念のため、米議会は二〇〇七年度、二〇〇八年度共に、国防予算要求からＰＧＳ構想関係項目を削除してしまった。

米国が開発している巨大貫徹型爆弾

米国防総省はＰＧＳとは別に、二〇一〇年度から、八〇メートル以上の深さにある地下格納庫や司令部施設を破壊できる能力を持つ兵器（爆撃機から投下する型になる可能性が大きい）の開発計画に着手する予定である。前出のＭＯＰよりも、さらに二〇メートルも深い場所にある施設の破壊を狙っている。

しかし、それでもトンネルのように、その上に数百メートルの山があるような地下施設を破壊するのは不可能だろう。せいぜい入り口を破壊できる程度だが、トンネルを相当長い距離にわたって崩落させられなければ、瓦礫を取り除いて中にある施設の再利用や兵器の引き出しは比較的簡単にできる。

ＨＴＶＳＦのような信管では、目標の構造が正確にわかっていなければならない。地中（そこの土質と、地層構造がどのようなものかをまず知らねばならないが）何メートルの所に、どのような材質の構造物があり、それが多層階の構造なら、何階目に破壊したい目標（そこで信管を作動させて弾頭を爆発させる）があるのかを事前に知っていないと信管のセットができない。したがって、この種の信管をつけた貫徹型兵器の使用には、目標に対する正確な情報（インテリジェンス）がある点が前提となる。日本にそのような情報が得られる可能性は極めて小さいだろう。米国や韓国にしても同様だろう。北朝鮮が二〇〇六年一〇月に（部分的な成功でしなかったにせよ）核実験を実施するまで、米国も韓国も、北朝鮮が核兵器の開発を行っていて、どのレベルまで進んでいるのかについて、何ら確実性の高い情報を持っていなかった。

仮に北朝鮮の弾道ミサイルや核兵器の製造、保管、貯蔵施設、基地に関する正確な情報があったとしても、前述のように、目標の構造と位置から、破壊できない場合がほとんどだろう。実際、地下・トンネル施設を造る方は、そう簡単には破壊できないような場所を選び、構造にするはずである。これでは、命中精度と貫徹力をいくら高めても、通常型弾頭では破壊できないという結果になってしまう。

結局、この種の地下・トンネル施設を破壊するには核兵器が一番確実という話になる。だからと言って、日本が北朝鮮の核ミサイル（あるいは、核弾頭を装備していない弾道ミサイル）を発射する前に破壊するために、核兵器を開発して、それを先制的に用いるという方式は、主客転倒、あるいは日本の防衛戦略を完全に覆すものとなってしまう。

したがって、北朝鮮の弾道ミサイルの発射を、北朝鮮の国内を攻撃して阻止するという方式は非現実的といわざるを得ない。せいぜい、平壌の金日成像を爆撃や巡航ミサイルで破壊して、溜飲を下げるという程度のことしかできないだろう。二〇〇四年、防衛庁（省）は二〇〇五〜〇九年度の中期防で射程「数百キロ」の長射程精密誘導弾の研究着手を計画したが、結局この中期防には盛り込まれなかった。その理由はわからない。

第3章

空対地精密攻撃能力

レーザー誘導兵器の登場

前章で述べたミサイルの移動発射機本体やトンネルの入り口を正確に攻撃するのは、実は簡単な話ではない。トンネルの扉のような目標は正面方向から攻撃せねばならないし、移動発射機は探し出せても、それが移動（走行）中なら、爆弾のように投下したら後は誘導制御が利かない兵器では攻撃できない。そのため攻撃手段はミサイルが主力となる。

GPSを利用した衛星誘導爆弾（JDAM〈ジェイダム〉）は、当初は地上の静止目標、それも座標値（緯度経度）がわかっている場合に限り利用できるが、2ウエイ型データリンク（爆弾とそれを投下した航空機との間で、データのやり取りができる通信システム）を追加する方法で、投下後も着弾点（目標位置）の変更ができるようになった。またGPS／INS誘導装置に加えてレーザー誘導装置を追加すると（例えば英軍が採用したペーブウエイⅣ型）、レーザーを目標に照射し続けられるなら（目標が丘や木の陰に隠れないなら）、高い命中精度が期待できる（レーザー誘導兵器では、CEPが一〜一・五メートルという高精度が得られる）。

問題は目標へのレーザー照射をどう行い、目標の座標値をどうやって知るかである。レーザー誘導装置は目標にレーザーを照射し、目標から反射されてくるレーザー光をミサイルや爆弾の誘導装置が捉えて、そのレーザー光が反射している目標の部分に向けてコースを修正する。このため非常に高い命中精度が得られ、レーザーが目標に照射され（その反射光を誘導装置のセンサーが捉え）続けている限り誘導機能が働くので、目標が移動している場合でも高い命中率が期待できる。一方、これはセミ・アクティブ式、つまりミサイルが命中するまでレーザー光を目標に照射し続けねばならない方式だから、相手（目標）がレーザー感知装置を装備しているなら、自分が狙われているのを察知して、煙幕のようなものを使って姿を隠したり、回避行動をとったりする可能性がある。

レーザー誘導爆弾（写真はペーブウエイ）は目標に照射されているレーザー光の反射部に向かって進むため、非常に高い命中精度が得られる。　[Raytheon]

　レーザー誘導兵器として最初に実用化されたのは爆弾だが、レーザー誘導爆弾は現在でも使われている。レーザー技術の進歩と普遍化によって、いろいろな国でも同種の爆弾が開発されるようになり、例えばイスラエルのエルビット・システムズ社が開発した「リザード」レーザー誘導爆弾用キット（Ｍｋ82、Ｍｋ83、Ｍｋ84の汎用爆弾に装着できる）は、イスラエル空軍の他に、イタリア、ルーマニア、ペルー、エクアドル、インド、トルコなどにも採用されている。

レーザーの照射はその爆弾を投下する航空機からでも、別の航空機からでもかまわない。レーザー光のコード（信号方法、暗号）を合わせてさえあれば、そのコードのレーザーが当たっている目標に向けて、同じコードに設定してあるレーザー誘導装置付きの爆弾が向かって行く。したがってコードを変えておけば、複数の照射装置と爆弾を用いて、別々の目標を同時に攻撃できる。対戦車ミサイルやレーザー誘導砲弾のような兵器でも、同じ方式が使われている。

対戦車ミサイルのような兵器は有効射程が一般に一〇キロ以下、最大でも三〇キロ程度だから、ミサイル発射機とレーザー照射機が同じ場所か近い所にあって、互いに緊密な連絡で目標を特定し、確認して発射できるため、目標を間違えるということはあまりない。

ところが航空機から地上の目標を攻撃する場合となると、橋のような、その辺では他にないような大きい動かない静止している目標ならともかく、「あの木の近くにある敵の機銃陣地」といった目標になると、上空から見た場合、それがどこなのかわからない場合が多い。機銃陣地でも、それらしきものが複数あると、どの木と、どの陣地を指しているのか、地上と上空では意思の疎通が難しい。下手をすると（実際には、下手をするどころか、かなりの大きな確率で発生するのだが）上空からでは敵と味方の区別すらつかず、味方を攻撃しかねない。良くても、地上部隊が最優先で攻撃して欲しい目標ではなく、（上空の飛行機が勘違いして）どうでもよいような目標を攻撃する場合も少なくない。

航空機の方にも言い分があって、上から見るのと下から見ているのとでは情景が相当に異なる。雲や霧、煙などがあると、いっそうわからなくなる。しかも、いつ下から対空兵器で攻撃されるかという状況の中で、さらに帰りの燃料の量を考えると、あまりぐずぐずしていられないという条件のもとで、目標を正確に把握し、確認し、攻撃せよというのは相当に無理がある。一方、地上部隊の方では、必要な時に航空部隊がいないという場合が多く、航空支援を要請しても、基地から発進してから現場到着までに時間がかかるし、やっと来たと思ったらすぐに帰ってしまうなどと不満が多い。

だいたい、どこをどう攻撃して欲しいか、陸上戦闘の実態がわかっていない航空部隊、特に空軍のような部隊では理解するのが難しい。そのため陸軍では、自分で攻撃ヘリコプターのような航空攻撃用の装備を持ちたがる。

空爆の効率を革命的に変えた衛星誘導兵器

ＧＰＳ誘導爆弾のＪＤＡＭは「衛星誘導爆弾」とも呼ばれるが、前章でも述べたように、ＧＰＳ用衛星からの信号を受信して自分の位置（三次元座標値）を把握、目標の座標値に向けてコースをとる。

ＪＤＡＭのＣＥＰ（半数必中界）は当初一三メートルとされたが、一九九九年のユーゴスラビアに対するＮＡＴＯによる空爆作戦で初めて使用されて以来、非常に高い命中率を上げられる能力が実証された。現実には三～四メートルという。こうなると、ほとんど目標を直撃できるから、爆弾はあまり大型でなくても目標を破壊できる確実性が大きくなる。そのため当初ＪＤＡＭは二〇〇〇ポンド（九〇八キロ）という、現在の通常爆弾としては最大級の爆弾が使われていたが、次第に一〇〇〇ポンド、五〇〇ポンドと小型化し、二〇〇七年からは「小口径爆弾」を略してＳＤＢと呼ばれる二五〇ポンド型が実用化されるようになった。もちろん、二〇〇〇ポンド爆弾でなければ効果的な破壊が期待できないような大きな目標や、高い貫徹力が必要とされる重防護目標などには大型のＪＤＡＭが使われるが、小さな建物一つを破壊するのに、周辺にまで破壊を及ぼす必要はないか

JDAMは高い命中精度を持つため、小型の爆弾でも確実に目標を破壊できるようになり、F-22（写真）やF-35の爆弾倉にも収容できる250lb型のSDBが開発された。
[USAF]

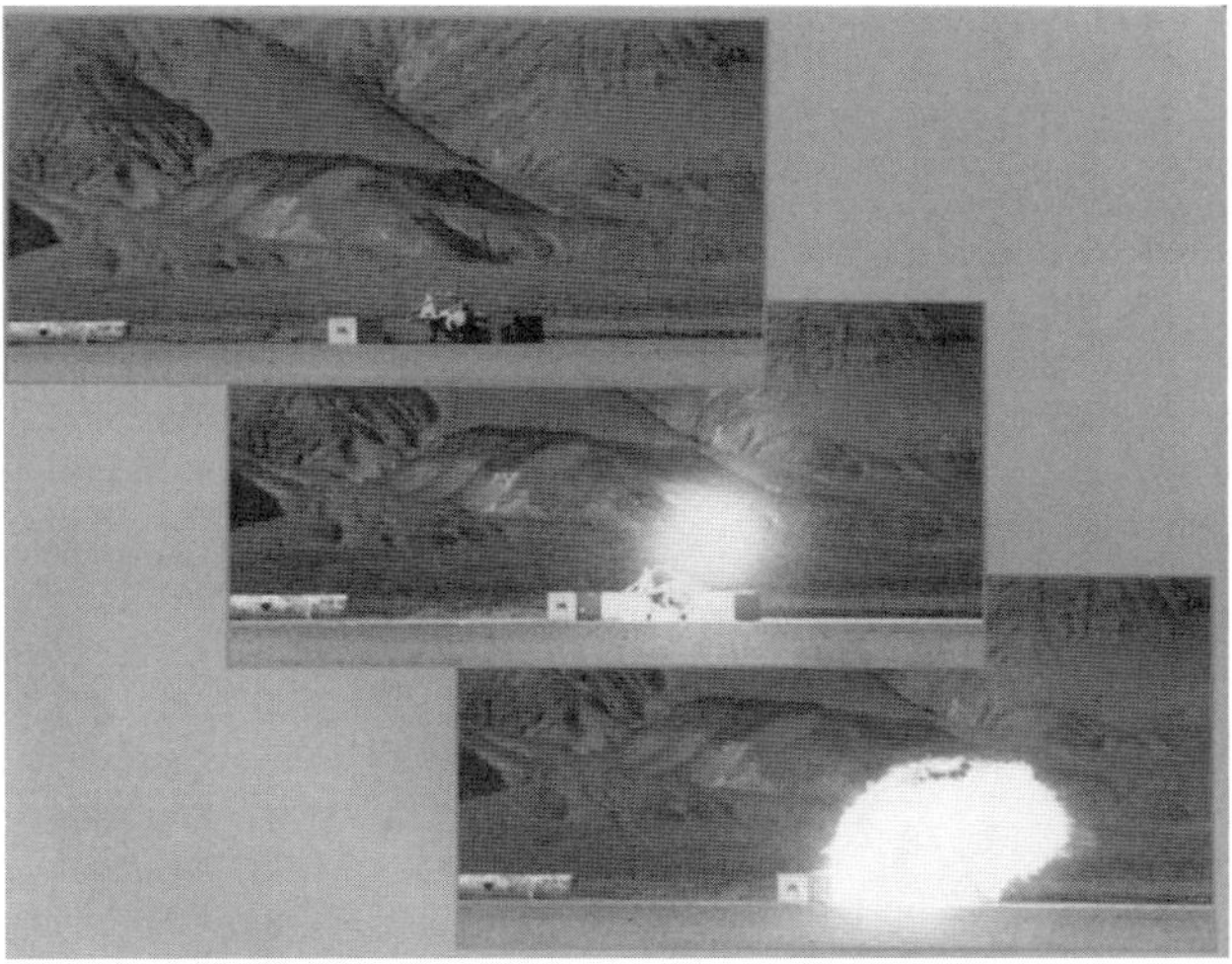

〔標的の航空機を直撃するJDAM〕

〔B-1B爆撃機の爆弾倉に搭載されたJDAM〕

普通の爆弾に衛星誘導装置と慣性誘導装置を取りつけたJDAMは、安価であるが非常に高い命中精度が得られる爆弾となった。　［USAF］

ら、目標だけを破壊できるのに十分な大きさの爆弾であればよい。小型の爆弾なら、機外装備（翼や胴体の下に吊るす）の場合には空気抵抗が少なくなるし、F-22やF-35のようなステルス性を重視した設計の戦闘機では、胴体内の爆弾倉に収容できるようになる。SDBは特殊な投下装置をF-22やF-35の爆弾倉に搭載すると、マッハ二の超音速でも投下できるようになる。

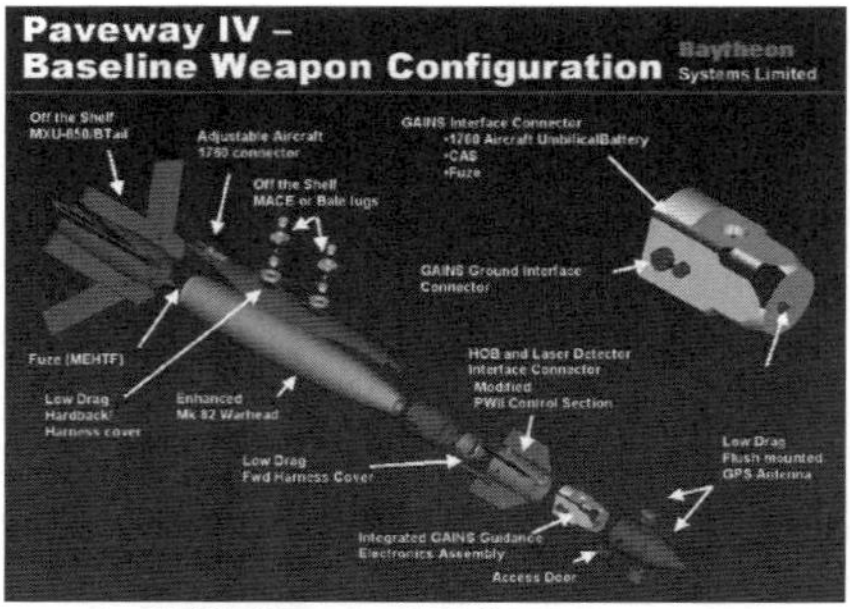

レーザー誘導爆弾にJDAM誘導装置を取りつけ、目標に対するレーザー照射ができなくても高い命中精度を得られるようにしたのがペーブウエイⅣ誘導爆弾である。
[Raytheon]

英空軍はペーブウエイという米国製のレーザー誘導爆弾に、JDAM用のGPS／慣性誘導装置を取りつけた複合型誘導方式の爆弾「ペーブウエイⅣ」を採用した。これならレーザー照射が機能できる環境（気象条件や、敵の対空防御の有効範囲など）であるなら、レーザー誘導方式によって非常に高い命中率が期待できるし、レーザーが使えなくても、GPS／慣性誘導装置で、それでもかなり高い命中確率が得られる。このペーブウエイⅣに刺激されてか、米空軍もJDAMにレーザー誘導装置を取りつける型を採用した。レーザー誘導方式が使えるなら、より精密な攻撃で、副次的被害を局限できる。また効率も良くなる。

爆撃機、戦闘機が地上部隊に対する支援を行うためには、敵の防空力を制圧しておかなければならないが、日本にはその役目を担う専門部隊も兵器もない。（写真はHARM対レーダー・ミサイルを発射する米空軍のF-16CJ戦闘機） ［DoD］

レーザーを目標に照射してやれば、あるいは目標の位置座標を爆弾に入力してやれば、ほぼ確実に破壊できるという技術の進歩は、航空攻撃（爆撃）の性格を一変させた。地上を攻撃する飛行機は、もはや低空に降りて、地上からいつ攻撃されるかわからない恐怖の中でパイロットが目標を探し出して、ミサイルを誘導するとか、爆弾が命中するようなコースをとって飛行する必要がなくなった。携行式地対空ミサイルのような小型の対空兵器が届かないような高高度から投下するだけでよい。

ただ高高度を飛ぶと言っても、中・大型の地対空ミサイルの有効射程外ではないから、爆撃機が悠然と上空を旋回しながら地上からの爆撃要請を待つという攻撃を行うには、上空に対する地上からの脅威を取り除いて（制空権を確保して）おかねばならない。その役割は、ＳＥＡＤ（Suppression of Enemy Air Defense：敵防空力の制圧）という専用の対地攻撃機（例えばＦ-16ＣＪ型戦闘機）と、それに搭載される対レーダー・ミサイル（例えばＡＧＭ-88ＨＡＲＭ：ハームは高速対レーダー・ミサイルの略）専用の兵器で、まずこの種の戦闘機で敵の対空戦闘能力を大きく殺いでおく（できれば壊滅させておく）必要がある。日本にはこのような目的の対地攻撃機も、航空兵装もない。

地上の目標を正しく攻撃するために

目標に正確に命中するようになった航空兵装だが、目標を正確に把握できなければ何の意味もない。これは前述のように、地上の様子がわからない航空機にとっては、依然として難しい問題である。

そこで米空軍は「コンバット・コントローラー」（戦闘統制員：日本語の定まった訳や自衛隊の制式用語はないので、筆者による仮訳）、ないしは「ジョイント・ターミナル・アタック・コントローラー」（統合終端攻撃統制員）、あるいは「フォアワード・エア・コントローラー（ＦＡＣ）」（これは定訳があり、「前線航空統制員」という）と呼ばれる一種の特殊部隊員を養成して、陸軍部隊に同行させるようにした。空軍所属の人間なのだが、地上戦闘に関する教育・訓練を受け、陸軍部隊に配属されて寝食・行動を共にする。航空作戦の実態や、何ができて何ができないか、今、味方の航空部隊がどうなっているかなどは、陸軍部隊よりも遥かによく理解しているから、それに合わせて地上への航空支援を誘導できる。空軍と陸軍では使用している無線機も周波数も異なり、さらには同じ物を指す用語も違う場合が少なくない。そのため、空軍と陸軍では往々にして意思疎通がうまくいかない。この問題は陸軍部隊と海軍航空隊との間でも同様に生じる。

コンバット・コントローラーや特殊作戦部隊（米軍は陸・海・空軍が各々独自に特殊作戦部隊を持つが、「特殊作戦コマンド」としてそれらを統合運用できる指揮体系になっている）は地上部隊に同行して、また特殊作戦部隊は独立的な行動もして、地上の目標を航空機で破壊する必要が生じた場合、それにレーザー照射をしたり、その位置座標をＪＤＡＭを搭載した航空機に伝えたりする。レーザー照射はレーザー誘導兵器を投下する航空機とコードを合わせねばならないが、これは無線通信による連絡ですむ。

位置座標をどう知るかというと、まず地上の自分の位置はＧＰＳ受信機でわかる。そこから目標との距離をレーザー測遠機で測れば、距離とその方角から目標の位置座標は計算できる。レーザー測遠機にはＧＰＳ受信機と計算機が組み込まれてあって、目標にレーザーを照射するだけで目標の座標値が自動的に算出される型もある。そのレーザー測遠機を、レーザー誘導兵器の誘導用レーザー照射にも使用できるようにした多目的型も開発されている。技術的にはそう難しいものではない。

あとはその位置座標を、ＪＤＡＭを搭載した航空機に無線で知らせてやればよいだけである。航空機の方は座標値をＪＤＡＭ投下装置に入力し、爆弾が目標に到達できる範囲に入ったら、後は投下するだけで、爆弾は非常に高い精度で目標に命中してくれる。

航空自衛隊は対地攻撃（支援）用として五〇〇ポンドと一〇〇〇ポンドの通常爆弾とクラスター爆弾を装備してきたが（クラスター爆弾は二〇〇八年の同種兵器禁止条約への加盟決定により、廃棄されることになる）、二〇〇四年度予算でＪＤＡＭ（防衛省の呼称は「爆弾用精密誘導装置」）を一定数調達した。爆弾には従来からあるＭｋ83のような通常爆弾の尾部をＧＰＳ／ＩＮＳ受信誘導装置（尾部の安定フィンを可動式にして、それを動かして落下コースを修正する）内蔵型に交換する。自衛隊が継続的に調達したり、国内でライセンス生産したりするような計画

コンバット・コントローラーはレーザー測遠機とGPS測位装置によって地上で目標の座標値を測定し、上空の対地攻撃機に目標の指示を行なう。　[QinetiQ]

は二〇〇八年中期時点ではまだ聞かないので、二〇〇四年度調達分は実験・試用のためなのだろう（調達数量は不明。GPS／INS誘導装置の単価は約五〇〇万円といわれるが、米軍の調達価格が一セット二万五〇〇〇ドル程度なので、それが本当なら二倍近い。少量の輸入という条件を考慮しても高過ぎる気がする）。

具体的にどのような運用研究をするのかわからないが、二〇〇八年中期現在で、航空自衛隊には米軍のコンバット・コントローラーのような、陸上自衛隊に同行して支援戦闘機（F-2）に目標を指示する部隊を編成する計画はないようである。陸上自衛隊の特殊作戦群にも、航空自衛隊の支援戦闘機と密接に連携して対地精密攻撃を行わせる運用計画があるようには思えない。後述するような、（支援）戦闘機に搭載する目標捕捉・照準装置を使ってJDAM攻撃用の座標値を得るという考えなのかもしれないが、地上部隊（陸上自衛隊部隊）と映像を共有できるブロードバンドのデータリンクを装備しないと、目標を誤認する可能性がある。そのような目標捕捉・照準装置や航空自衛隊と陸上自衛隊の前線部隊を結ぶデータリンクを装備するという話も、二〇〇八年中期時点では聞かない。

空自の航空支援を期待してこなかった陸自

航空自衛隊は「支援戦闘機」と称する戦闘爆撃機を、防空戦闘機（要撃戦闘機）と並行して装備してきた。当初は旧式化したF-86F戦闘機を充て、二五〇ポンドの小型爆弾を二発程度搭載して、しかも、爆撃コンピュータを装備していないので、ほとんど腰だめで投下する方式をとっていた。F-86Fの後継となった要撃戦闘機のF-104Jでは、さすがに支援戦闘機には向いていないとして使用されなかったが（一方、西ドイツ空軍はF-104Gを、米国が運用権を持っている核爆弾を抱えて突入して行く戦闘爆撃機として使用した）、七〇ミリの空対地ロケット弾（一九発入りのポッドとして翼下に搭載）を装備して、これも照準は腰だめだが、地上や海上の艦艇を攻撃するという運用を一応は考えていたらしい。ただし、どこまで本気に考え、訓練していたかはわからない。

F-86Fの後継としては、戦後初の国産超音速機T-2ジェット練習機を基にしたF-1支援戦闘機が開発された。開発経過の話は省略するが、いわゆる「戦闘爆撃機」としては能力が小さく、もっぱら国産のASM-1対艦ミサイル（80式空対艦誘導弾）を搭載しての対艦攻撃が主任務であった。

F-104Jの後継となった要撃戦闘機F-4EJは、「隣国に脅威を与える」という理由から、爆撃コンピュータを取り外し、対地攻撃能力をほとんど持たないようにされてしまった。米空軍の戦闘爆撃機F-4Eを基にしながら、最後にJという記号がついているのは、これが一つの理由になっている。次のF-15Jは時代の流れというべきだろう、F-

航空自衛隊のF-4EJは導入当初、隣国への脅威とならないよう爆撃コンピュータを外していた。近代化改造を行ったF-4EJ改（写真）では対地攻撃能力を復活させたが、その主任務は依然として対艦攻撃であった。

４ＥＪと違って爆撃コンピュータと空対空戦闘用コンピュータが一体化して分離できないという説明がなされて、対地攻撃機能が削られることはなかった。これに伴い、Ｆ-４ＥＪにも近代化改造（Ｆ-４ＥＪ改）が行われた時、レーダーの換装と共に対地攻撃能力も付与された。レーダーがＦ-16戦闘機に装備された対地攻撃にも使用できる型なので、いちいち爆撃コンピュータなどという区別をする意味がなくなってしまった、という理由付けである。

もっとも、対地攻撃兵装は依然として無誘導型の普通の爆弾かロケット弾なので、陸上自衛隊部隊に対する航空支援能力はあまり期待できるものではない。Ｆ-４ＥＪ改の支援戦闘機としての主任務も対艦攻撃で、ＡＳＭ-１に加えて、一九九三年度からはＡＳＭ-２空対艦ミサイル（93式空対艦誘導弾）の部隊配備が始まっている。

Ｆ-１の後継機はＦ-16を基に大幅に改造した準国産型のＦ-２であるが、対地攻撃用兵装には変化がない。要するに、航空自衛隊は陸上自衛隊に対する航空支援など

航空自衛隊が実弾を使った対地攻撃訓練を行うようになったのは、2005年からグアム島に移動して（写真上はグアムのアンダーセン米空軍基地のF-2支援戦闘機）、ファラロン・デ・メディニラという米軍の実弾射爆用の島（写真下）を使えるようになってからである。[USAF]

ほとんど考えてこなかった。

対地攻撃の訓練をしようにも、国内にはその場所がないために、対地攻撃訓練では常に小さな訓練弾の投下か、それすら投下しないで、ただ地上目標の上を通過して「爆弾を投下したことにする」というものにすぎなかった。航空自衛隊の支援戦闘機が、本物の爆弾を使って対地攻撃訓練を行うようになったのは、ようやく二〇〇五年から、グアム島の北二四〇キロにあるファラロン・デ・メディニラという無人島の米軍実弾射場を使用できるようになってからである。しかし、二〇〇七年度でもまだ、無誘導の爆弾の投下訓練にとどまっている。「専守防衛」という用語に呪縛されたこれまでの日本の防衛戦略では、とにかく日本本土に直接侵攻をしてくる敵部隊を迎撃し、撃退するというものであった。それなら敵はまず海を渡ってくるので、洋上で敵の侵攻部隊を撃破する点に、海上自衛隊や航空自衛隊における戦術の主眼が置かれていた。

では陸上自衛隊は必要ないではないかという話になるが、それでもなお、つまり海上自衛隊や航空自衛隊の防衛線が撃破され、ほとんど壊滅状態になって敵が日本本土に上陸してきてもなお、水際で食い止め、内陸で防衛線を敷いて抵抗し、敵に打撃を与える能力を維持するということで、敵に日本本土を占領しようとする気を起こさせない「抑止力」としての役割がある、と説明されてきた。この防衛戦略からすると、陸上自衛隊の役割は本土防衛であって、日本領の離島の防衛はほとんど考えられていなかったとも言える。

それは、冷戦が終わるまで確かに現実的であった。冷戦時代の主たる脅威はソ連であり、北方から攻撃してくるから、北海道や本州北部が前線と考えられた。北海道周辺には礼文島、利尻島、奥尻島などの離島もあるが、露骨に言えば、それらの島の防衛は考えられていなかった。これらの島がソ連軍の前進基地として使用され、ヘリボーン部隊などが北海道本島に攻撃をかけてくる可能性も考えられるが、その時は、もはや海上自衛隊も航空自衛隊もソ連侵攻部隊を洋上で阻止できる能力を失っているので、礼文島や奥尻島を奪回したところでどうなるものではない。

したがって、陸上自衛隊が水際にせよ内陸にせよ、侵攻部隊を相手に戦う時には、航空自衛隊は既に壊滅状態にあり、航空自衛隊による航空支援など端から期待できないという考え方も、また現実的である。逆に、その敵に航空優勢を確保されている状態で、陸上自衛隊部隊が出て行って有効な反撃ができるのかという疑問もあるが、「では、陸上自衛隊はいらないのか」という議論の繰り返しになってしまう。

このような議論は日本に特有のものではなく、日本のような地理的条件ならどの国でも同じなのだが、実際問題として、完全な制空権を確保して、維持できるという可能性もまた少ないので、地上部隊（陸軍部隊）の存在意義が失われることはない。地上戦闘部隊は次章で述べる「パワープロジェクション」能力を保持する目的でも、また国際的な平和維持活動などの目的からも重要になってきている。そのため地上部隊には必ず海・空の航空部隊が同行し、陸空一体化（統合化）された作戦行動がとれる能力が不可欠の要件となる。その重要性は、アフガニスタンにおいて武装勢力掃討作戦を実施しているＩＳＡＦ（国際安定化部隊）でも、実戦の教訓として強く認識されている。

「島嶼防衛」戦構想の浮上

ところが日本では、冷戦後は周辺の戦略状況（安全保障環境）が変化して、西方や南方の防衛も重要になってきた。これらの方面が冷戦時代には重要ではなかったというわけではないが、北朝鮮の脅威や中国の軍事力の強化、一方でソ連の崩壊による北方の軍事的脅威の大幅な減少などから、北方に代って西方、南方の防衛力を強化する必要が出てきたのである。日本の南西方面には多くの島があり、また戦略地理的な条件から、これらの島が敵に占領されたり、非国家組織、例えば大規模な国際テロ組織などに占拠されたりすると、それが日本の領土である島と、そこに住む国民の生命財産に対する侵害というだけではなく、日本全体の安全に大きな影響を与える。ここから、島を防衛し、敵に占領された場合には奪回できる能力が必要になってきた。一般的には「島嶼（とうしょ）防衛」と呼ばれている。

島嶼防衛が重視されるようになってくると、それまで考えてこなかった分野の能力が問題になってきた。日本の島といっても約七〇〇〇もある。人が住める場所や、平地がある場所などといった条件から、軍事的価値のある島となると数は限られてくるものの、それでもそのすべての島に、どれだけの規模で攻撃してくるかわからないだけではなく、攻めてくる相手の実体が想定できないのに防衛部隊を配置してはおけない。また、これから自衛隊の基地を新設できる現実的な条件がある島を見出すのも難しいだろう。

そのため、敵の攻撃が予想される時には、緊急事態として、その時に初めて自衛隊を配備するか、敵が上陸、占領してから奪回を考えねばならない。戦いの常識として、自衛隊が配備されている島を攻撃するよりも、日本が予想していなかった場所、例えば隣の島を占領して、そこから自衛隊がいる島を攻撃して奪取するという形になる場合が多いだろう。自衛隊が配備されている島でも、簡単に奪取できそうな防衛力（戦力）が弱い島が狙われる。配備されている自衛隊の戦力が弱体の島ということは、大口径野砲や戦車などの重装備が配備されていないか、配備されていても、数が少ないということである。島の奪回作戦なら、そうした重装備をどう送り込むかが問題になる。実際はその前に、島を守っている敵の水上部隊、航空部隊を撃破し、制空権と政界権を確保しておいてから、次に島に陸上自衛隊部隊を送り込んで、敵の掃討作戦に着手するという順になる。

掃討作戦で重装備を送り込むのは難しい。揚陸艇を使って陸揚げしても、山岳地のような場所では動きがとれない。弾薬と燃料も補給せねばならない。このため作戦初期段階では、場合によっては掃討作戦（奪回作戦）全体を通して、航空自衛隊による航空支援が必要になる。陸上自衛隊が持つ攻撃ヘリコプター（対戦車ヘリコプター）が往復できるような（さらに、一定時間、戦場の上空に留まって戦闘できる燃料が確保できる）位置にヘリコプター基地を設けられるならともかく、そうでない場合には（攻撃してくる敵も、その辺の条件は十分に考慮して場所を選ぶだろう）、遠方からの航空支援に頼らねばならず、航空自衛隊の支援戦闘機（あるいは対地攻撃装備を搭載したＦ-15のような戦闘機）による近接航空支援（攻撃）に期待するしかない。山岳地が多いアフガニスタン作戦でも、大口径野砲の代わりに、航空攻撃（近接航空支援）が重視されている。

そこで要求されるのが、前述の、陸上で目標を正確に捕捉して精密に攻撃できる能力である。米空軍のコンバット・コントローラーのような部隊を航空自衛隊が持つのは有効だし、陸上自衛隊の特殊作戦群の隊員に、航空自衛隊による航空攻撃（対地攻撃）の実際を十分に理解して、航空自衛隊の支援戦闘機を誘導できる要員を育てるとか、いずれにしても、陸上自衛隊部隊に同行して、地上から目標を指示する能力を持つ必要があろう。

同様なことは海上自衛隊についても言える。まだ海上自衛隊には、ＧＰＳ／ＩＮＳ誘導砲弾やレーザー誘導砲弾を艦載砲で発射して、陸上目標を精密に攻撃するといった運用構想は具体化していないようだが、実現できる技術は（世界には）存在する。ＧＰＳ誘導型にせよレーザー誘導型にせよ、その種の精密誘導型砲弾を目標に命中させるためには、目標の正確な座標値を知るか、目標にレーザーを照射してやる必要がある。それを誰が行うのか。陸上自衛隊に対する火力支援を実施するつもりなら、米海軍や海兵隊の着弾観測員のような専門の要員を育成しておくべきだろう。

こうした陸海空が協力して、一体となって作戦を行うのが本当の意味での「統合運用」であり、通信（データ交信）のようなハードウエアだけではなく、陸海空三自衛隊がどのような運用をするのか、何ができて何ができないのかを互いによく理解していないと、真の統合作戦の実現は不可能である。

目標捕捉・照準用ポッドの進歩

地上にコンバット・コントローラーのような要員を配置しなくても、上空から目標の捕捉と、その位置座標の把握（測定）やレーザーの照射ができないわけではない。レーザーの照射は、最初にレーザー誘導爆弾が実用化された時から実施されている。一九七〇年代の後半には暗視装置の技術が進歩したため、これとレーザー照射装置を組み合わせて、悪天候でも夜間でも、目標を捕捉してレーザー誘導兵器による攻撃ができるようになった。

この種の装備が最初に実戦で使用されたのは、一九八六年四月の米軍によるリビア爆撃である。米空軍のF-111F戦闘爆撃機は「ペーブタック」という赤外線（熱線）暗視装置とレーザー測遠・照射装置を組み合わせたシステムを胴体下面に装備し、夜間に目標を暗視装置で捕捉して、そこにレーザーを照射し、レーザー誘導爆弾（ペーブウエイ）を投下して目標を直撃、破壊して、夜間でも昼間のように精密に攻撃できる能力を実証した。

赤外線を使用するのは、夜間でも使用できるという点と、可視光線よりも長い波長なので、多少の霧や雲があってもそれを透して目標を発見できるという特性からである。また、レーダーと違ってパッシブ式だから、相手にこちらが攻撃しようとしているのを気づかれないという利点もある。

可視光線より波長が長い分、画像は肉眼（可視光線）で見るのよりも不鮮明だ（ぼやける）が、それも技術の発達により、現在では相当に可視光線に近い鮮明な画像が得られるようになった。もちろん、可視光線が使える気象条件なら、可視光線による目標捕捉（ビデオ＝ＴＶカメラ）を使うに越したことはない。

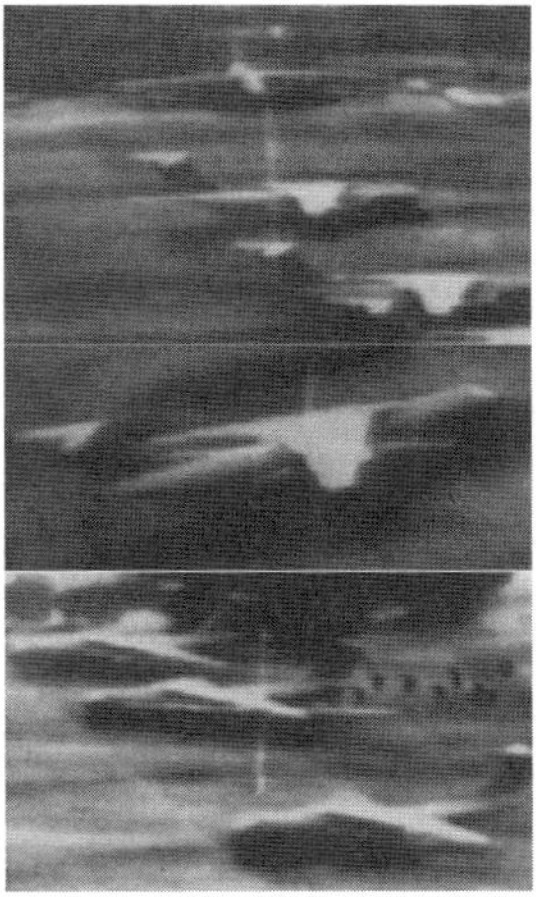
1986年のリビア爆撃で初めて使用された、暗視装置とレーザー照射装置を組み合わせた目標捕捉照準装置「ペーブタック」が捉えたリビア軍機。　［USAF］

この赤外線と可視光線のセンサー技術は最近になって飛躍的に発達し、小型軽量でも遠方にある目標を明瞭に捕捉できるようになった。直径数十センチ、長さ数メートルのポッドに収まるようになり、「目標捕捉ポッド（ターゲッティング・ポッド：targeting pod：TPOD）」と呼ばれる。いろいろな型が各国で開発されているが、米空軍が採用している最新型のスナイパーXRというロッキード・マーチン社製のTPODは、赤外線（熱線）、可視光線共に、最大一六〇キロ先の目標を発見し、識別し、追尾し、その位置を測定し、移動目標でも自動的に追尾できる機能を有している。スナイパーXRで使われている赤外線フォーカルプレーン・アレイは第三世代と呼ばれる技術で造られ、第二世代の二〜三倍の遠距離探知能力を持っている。

最新の目標捕捉ポッドの一つ、スナイパーXRは160km先の目標を発見し、識別、測位、自動追尾ができる。［Lockheed Martin］

新型のTPODはデータリンク（センサーが集めた情報を外部に伝達する機能）も内蔵しているため、高性能な画像装置で捉えた目標の映像をリアルタイムで他の航空機や地上の部隊に送り、「情報（状況）の共有」ができる。ここからTPODを地上の状況監視・目標捕捉・識別など多目的に使用する、「非在来型情報収集、監視、偵察（NTISR）」と呼ばれる新たな運用方法が生まれた。

航空機に搭載されたデータリンクを内蔵するTPODは、昼夜間を問わず地上部隊の指揮官や他の航空機に、自機の前方と周辺の画像を送信できる。前進中、あるいはパトロール中の地上部隊が、一〇キロ先の状況を知りたいとする。TPODを装備した航空機は高高度から一〇キロ先の状況を捉え、地上に送信する。そこに、例えば数人の人物が不審な行動をしているのが映っていたとする。夜間外出禁止時間であるなら、いっそう彼らの行動はおかしいと考えられるだろう。

目標捕捉ポッドで捉えた映像。この画像はビデオに記録されるだけでなく、データリンクにより、リアルタイムで地上に送信できる。　［USAF］

その不審人物の様子（映像）はデータリンクを通じて地上部隊の指揮官に送られる。もちろん、航空機のコックピットの中でも映像を見ているが、スペースの制約から、スクリーン（ディスプレイ）の大きさはせいぜい五～八インチ程度であるが、地上部隊が持つディスプレイ（パソコンの画面）はもっと大きいので、より詳細で正確な分析、識別が可能となる。その結果、これは敵対的な行動であり、攻撃すべきだと判断されるなら、地上部隊の指揮官は目標を航空機に伝える。決定するのは地上部隊の指揮官であって、航空機のパイロットではない。これが従来の近接航空支援と大きく異なる。つまり、航空機が地上部隊で必要としている場所の攻撃を正確に行える可能性が画期的に増大した。

攻撃に当たってどんな兵器（航空兵装）を使用するかは、航空機が搭載している兵装の種類、目標の特性、周囲の状況などによって変わってくるが、基本的には正確に攻撃でき、なるべく余分な周辺の被害（副次的被害）を生じさせない手段（兵器）が使用される。例えば、その目標と周囲の状況から、レーザー誘導爆弾よりも機関砲による掃射の方が適していると判断される場合もあるだろう。レーザー誘導爆弾なら、ＴＰＯＤに内蔵されているレーザーを目標に照射して（それが目標に正確に当たっているかは、パイロットが装着している暗視ゴーグルで確認できる）、爆弾の滑空到達圏内に入ったら投下するだけでよい。ＪＤＡＭのような慣性／ＧＰＳ誘導型爆弾やミサイルなら、目標の位置は、その航空機が持つ航法装置やＴＰＯＤのＧＰＳ受信機で自分の位置と、レーザー測遠機による目標までの距離と方向から算出され、目標の座標位置が爆弾・ミサイルに自動的にインプットされるから、後は、投下ないしは発射するだけである。

いずれにしても、この攻撃は夜間であっても、航空機のパイロットがその目標を直接、肉眼で捕捉・確認しなくても実施でき、しかも地上部隊による目標の映像の詳細な解析によって、誤射・誤爆を避けられる可能性が飛躍的に高まった。また攻撃後の目標の破壊状況（戦果確認）も、目標から離れた位置から正確に行えるようになり、二次攻撃が必要か否かの判断もTPODを使ってできる。TPODにはビデオ記録装置も内蔵されているから、あとでその攻撃状況の解析もできるし、地上部隊でも送られてくる映像を記録しておけば、戦果の確認や状況の解析などが可能になる。データリンク付きTPODの実用化（二〇〇四年から）によって、初めて本当の意味での、昼夜を問わない近接航空支援が可能になり、また支援を行う航空機も危険を冒して目標に接近する必要がなくなった。

近接航空支援という概念も変化している。地上部隊よりもずっと遠方の状況をリアルタイムで把握できるようになったため、航空火力支援は地上部隊に対する「近接」に限らなくなったし、TPODの遠距離捜索・監視・目標捕捉能力から、地上部隊は自分の目の前よりもはるかに遠方の状況を事前に、しかも詳細に知ることができるようになったのである。これによって「観測―標定―決定―行動（攻撃）」のサイクル（英語の頭文字をとってOODAループと呼ばれる）は大幅に短縮できるようになった。データリンク付きTPODが実用化される前では、このサイクルに要する時間は数分から数十分を要した。市街地のような複雑で副次的被害の発生を極限に抑える必要がある場所では、目標の確認に、さらに長い時間を要し、平均で四五分もかかっていた。これでは航空支援を行う航空機の方は燃料がなくなってしまう。そこでその攻撃機は基地に帰って、入れ替わりに、すぐ別の機体が現場に到着したとしても、また目標の捕捉、確認作業を一からやり直さねばならない。

目標やその周辺の状況を映像としてリアルタイムで航空機も地上部隊も共有できる長所には絶対的なものがある。センサー技術と情報技術（ネットワーク技術）の進歩がそれを可能にした。大量の情報を高速で伝達するためのバンド幅の問題など、なお技術的な課題はあるのだが、後述するような通信衛星の活用などにより、リアルタイム状況共有は現実のものとなってきている。

「偵察機」の多目的化

米国ではB-52HやB-1B爆撃機にライトニングⅡ型TPODを搭載して、遠距離から目標を精密に攻撃できるようにしている。アフガニスタン作戦やイラク作戦の初期段階では、地上のコンバット・コントローラーによる目標の捕捉や位置座標の指示を必要としたが、TPODの搭載により、地上統制員の誘導がなくても目標の捕捉と、JDAMのような精密誘導兵器の使用が可能になった。TPODは洋上の艦船を捜索・捕捉する手段としても利用され、二〇〇七年八月には大西洋上において、ライトニングⅡTPODを装備したB-52Hが、大体の位置しか知らされていなかった洋上の目標の船を発見し、レーザー誘導爆弾で攻撃するという訓練を実施して成功を収めている。

航空自衛隊のF-2支援戦闘機やF-15J／DJ戦闘機、あるいは海上自衛隊のP-3C哨戒機、さらには陸上自衛隊のOH-1観測ヘリコプターやAH-64D対戦車ヘリコプターにTPODを装備すれば、遠距離からの精密攻撃が可能になるだけではなく、偵察・哨戒任務にも大きな威力を発揮する。しかも、洋上や、陸上であっても、その現場の地形に慣れていない場合でも、そして夜間でも、目標の位置を正確に把握できる。

航空自衛隊はF-15の「近代化改修」計画として、前述のように火器管制用レーダーを新型に（APG-63(V)1型に）換装しているが、TPODを装備する予定はないようである。RF-4E偵察機が老朽化に伴って退役し、その不足を埋めるためにF-4EJの一部に偵察ポッドを装備して偵察機（RF-4EJ）として使用している。しかし、そのF-4EJも機体寿命から退役が迫られているため、F-15J／DJ（前述のレーダーの換装をはじめとする近代化回収改造を受けない機体が対象となる）を改造して、偵察機（一〇機程度）として使用する方式が検討されている。二〇〇五～〇九年の中期防衛力整備計画（中期防）では、（F-15）「戦闘機の偵察機転用のための試改修に着手する」とされている。

それがどのような内容の改造になるのかという詳細については、二〇〇八年中期時点で

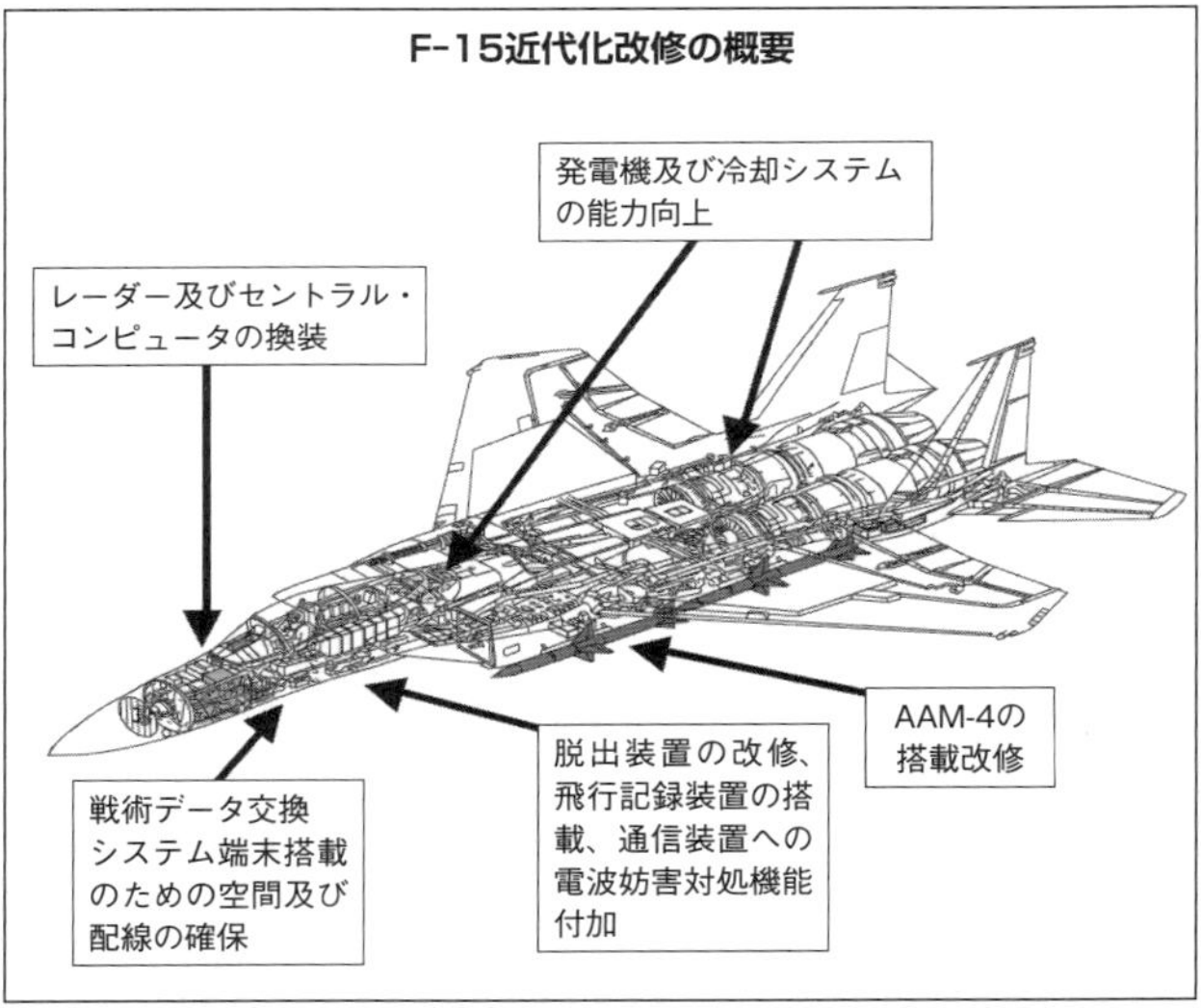

航空自衛隊のF-15戦闘機は近代化改造対象（図）外の機体を偵察型に改造する予定だが、高性能目標捕捉ポッドのようなシステムを使って、リアルタイムで画像を得るという計画はない。 ［防衛省］

はわからないが、RF-4EJの場合のように、機体そのものには大きな改造はなく、胴体や翼の下に偵察装備（APY-12合成開口レーダーを内蔵するフィーニックス・アイ偵察ポッド）を搭載する方式になるといわれる。このポッドは、基は米陸軍が韓国に配備して北朝鮮内部の動向を探るために使用しているEO-5型ARL-M（多目的簡易型機上偵察装備：デハビランド-7型輸送機に合成開口レーダーを搭載した機体）に搭載した合成開口レーダーAPY-12をポッドに収容して、戦闘機など各種の航空機にも搭載できるようにした型である。ポッド内部でレーダー信号の処理を行い、画像化された情報をデジタル信号として地上にリアルタイムで送信する。データの中継手段が確保できるなら、地平線の向こう（見通し外）の遠方にもリアルタイム送信が可能となる。動いている目標を識別できる機能（ＭＴＩ）も有し、地上の画像だけではなく、動いている目標だけを取り出して、攻撃するために必要なデータ（位置や方向、速度などの情報）を取り出せる。レーダー型であるから天候による影響を受けず、昼夜いずれの時にも使用できる。

Ｆ-15Ｊの偵察型には、可視光線と赤外線の画像撮影用ポッドも装備できるようにされる。そのデータを空中から地上に送信できるようにするため、二〇〇六年度予算では空中（リアルタイム）データ送信システムの開発設計費が盛り込まれたが、あくまでも見通し内でデータ送信が地上局に届く範囲の話のようで、そうであるなら、遠距離や、途中に山などの障害物があると、データの送信はできない。これを実現するには、衛星通信や高高度の通信中継用無人機、飛行船などを活用するしかないが、日本ではまだそのような具体的な運用態勢が作れる状況にはないか、あるいは考えすらないようである。

ＲＦ-４ＥＪ型の場合は、胴体下、機体中心線上の装備架（センター・ハードポイント）に戦術偵察（ＴＡＣ）ポッド、遠距離斜め撮影（ＬＯＲＯＰ）ポッド、戦術電子偵察（Ｔ

ＡＣＥＲ）用ポッドの三種類を選択装備する。前二者は映像（写真）撮影用で、従来と変わらず、撮影した映像は地上に持ち帰ってから現像・解析する方式だが、ＴＡＣＥＲポッドはフランスのタレス社製電子情報収集（ＳＩＧＩＮＴ）用で、見通し内であるなら、地上のデータ処理施設に収集したデータの送信が可能となる。しかし、これも距離や地形による制限を受ける点に変わりはない。

要するに情報のリアルタイムの活用という概念で、日本は諸外国に大きく遅れている。既に述べたように、米国やイギリスなどでは遥かに先を進んでいて、専用の偵察機を使わず、戦闘機、攻撃機にＴＰＯＤを装備する方式で、偵察から監視活動まで、多くの任務をこなせ、しかもリアルタイムで地上部隊や海上の艦船と情報を共有できるようにしている。日本も「偵察機」などという概念にこだわらず、Ｆ-15やＦ-２戦闘機を戦闘機や支援戦闘機であると同時に、偵察機としても使用するような発想をすべきだろう。

さらに、第５章で述べる電子戦、と言うより「インフォメーション・ウオーフェア」において、ＡＥＳＡ型レーダーなどを活用して敵の情報システムに「電子的攻撃」を行う運用方式も、戦闘機や支援戦闘機の任務として考えるべきだろう。そうすれば一機の戦闘機が何機分にも活用できるようになる。こういう方法を「フォース・マルチプライアー」と呼ぶ。そのような活用をするなら、「偵察機」には単座型よりも複座型（Ｆ-15ＤＪやＦ-

２Ｂ）の方が適している。「老朽化した機体を偵察機に転用する」という発想ではなく、最も高い性能を持つ機体を多目的に利用する、という考えが必要である。

無人機による精密攻撃

このようなＴＰＯＤを搭載して偵察・監視任務や精密誘導兵器を使った攻撃に使用する機体は有人機とは限らず、無人機（ＵＡＶ）も使用される。ＵＡＶで攻撃（戦闘）機能を持つ型をＵＣＡＶ（無人戦闘航空機）と略記する場合もあるが、当初からＵＣＡＶとして開発される型と、ＵＡＶに攻撃能力を持たせた型とがある。

前者は二〇〇八年中期時点でまだ本格的な実用型はなく、数種が研究開発中であるが、後者は既にいくつかが実用化されている。ＵＡＶを攻撃用に使用した最初の例は、何をもってＵＡＶと呼ぶか、どの型をＵＡＶに類別するかなどによって変わってくるが、現在使用されているＵＡＶで、攻撃用に発達した型として有名な型に米国のＭＱ－１プレデターがある。

プレデターはゼネラル・アトミックス・エアロノーティカル・システムズ（ＧＡＡＳ）社が開発した推進式プロペラ（プロペラが後ろ向きについている）を持つ無人機で、機首の下に昼間用ＴＶカメラ、熱線映像カメラ、レーザー測遠機などを内蔵する回転型ターレットを装備している。機首の上面が衛星通信用のアンテナを内蔵するために大きく盛り上がっているのが外形の一つの特徴をなしている（グローバル・ホークＵＡＶの機首も衛星アンテナを収容するために膨らんでいるが、これらは通信衛星の位置に向けてアンテナを回転させる必要からで、コンフォーマル・アレイ型アンテナなどの技術が進歩すれば、このような大きなアンテナ収容部の必要がなくなる）。

無人偵察機の能力が向上し、武装して対地攻撃機とする構想からMQ-1プレデターが（写真）開発された。MQ-1からはリーパー、スカイ・ウォーリアーなどの発達型が造られている。［USAF］

衛星通信機能を活用して、プレデターはアフガニスタンやイラクにおける作戦でも、そのクリーチ空軍基地から行われている。「パイロット」は自宅から基地の操縦室に「通勤」し、プレデターのセンサーが捉えた映像が映し出されるディスプレイが内蔵されたコンソールの前に座り、ＴＶゲームのようなジョイスティックを動かして操縦し、所要のセンサーを働かせる。

レーザーを目標に照射できるなら、レーザー誘導式の精密誘導兵器（空対地ミサイル）も発射、誘導できるはずだというところから、プレデターにＡＧＭ-１１４ヘルファイアー空対地ミサイル（対戦車ミサイル）を搭載するようにした。搭載実験は米空軍が行ったのだが、それを最初に実戦で使用したのはＣＩＡ（中央情報局）で、二〇〇二年にイエメンにおいて、アル・カイダの幹部（とされる人物）が乗った自動車をヘルファイアーで攻撃して死亡させるという「戦果」を挙げている。

テロリストや武装勢力による攻撃は、それを事前に探知できたとしても、対応に時間を要していると、すぐに逃げられてしまうという問題がある。近接航空支援では数分から数十分の時間的余裕があったものが、対テロ・武装勢力作戦では、その攻撃の兆候を探知してから防衛のための対応（攻撃）をとるまでに一〇〜二〇秒の余裕しかない。このため警戒・監視システム（航空機）と攻撃システムとが同一であることが求められる。長時間滞空能力が得られるＵＡＶ／ＵＣＡＶはこの任務に最適であるが、二〇〇八年中期時点で自衛隊には、ＵＣＡＶを積極的に使う具体的運用構想はまだ確立されていないようである。

高い命中精度が可能にした空対地兵器の小型化

正規軍だけではなく、テロリスト・武装勢力も携行式地対空ミサイル（ＭＡＮＰＡＤＳ）を持つようになっているから、目標（地上）に接近しての攻撃は危険が多くなった。ここから空対地兵器は、スタンドオフ攻撃が可能な空対地ミサイル、あるいは滑空型爆弾が主流になってきている。前述のように、空対地兵器の命中精度が高くなるにつれて、攻撃に必要とされる兵器の量は少なくなる。

短距離空対地ミサイルの代表がヘルファイアーで、最初に実用化されたのはレーザー（セミ・アクティブ）誘導型であったが、後に熱線画像（赤外線）誘導型、ミリ波（MMW）レーダーを使った画像認識誘導型も実用化され、ミサイル先端部の誘導部を交換すれば、いろいろな誘導方式が使用できるようになった。例えば天候が悪かったり、雲や煙があったりして、目標へのレーザー照射が難しい場合には、MMWレーダー誘導方式のヘルファイアーを使用すればよい。自衛隊も陸上自衛隊がAH-64Dアパッチ（ロング・ボウ型）対戦車ヘリコプターの主力空対地兵装としてヘルファイアーを採用しているので、それを搭載できる能力があるUAVを採用し、UAVを運用できる情報ネットワークを構築できるなら（これが大変なのだが）、陸上自衛隊に対する近接航空支援に有人の支援戦闘機を用いる必要はなくなる。

このヘルファイアーはイギリスのGECマルコーニ社（その後MBDA社の一部門になる）において、新しいロケット・モーターと、弾頭、誘導装置のシーカーが取りつけられて「ブリムストーン」に発達した。射程は七キロから一二キロに延び、弾頭はタンデム型成形炸薬型とされて、爆発反応装甲（ERA）を装着した戦闘車輌に対する破壊力が増大している（小型の弾頭と、より大型の弾頭が縦に並んでいて、まず前にある小型弾頭で目標の爆発反応装甲を作動させて防御効果を失わせ、次に後ろの大型弾頭が目標本体の装甲に穴を開ける）。

誘導装置はミリ波型で、目標の自動発見、捕捉、攻撃能力を持つため、撃ち放しの攻撃が可能になる。米国のミリ波レーダー誘導型より性能が高く、九四ＧＨｚ（ギガヘルツ）の周波数を用いることで、戦場の霧、雲、煙、砂塵、フレア（赤外線妨害弾や照明弾）、チャフ（レーダー妨害用電波反射体）がある環境の中でも、目標を正確に識別して攻撃できる能力が増大した。また複数のブリムストーンが、複数の目標に対しても、一発ずつ個別に目標を攻撃できるような誘導装置のアルゴリズムが開発され、一つの目標に複数のミサイルが命中するという無駄がなくなった。この誘導装置のプログラ

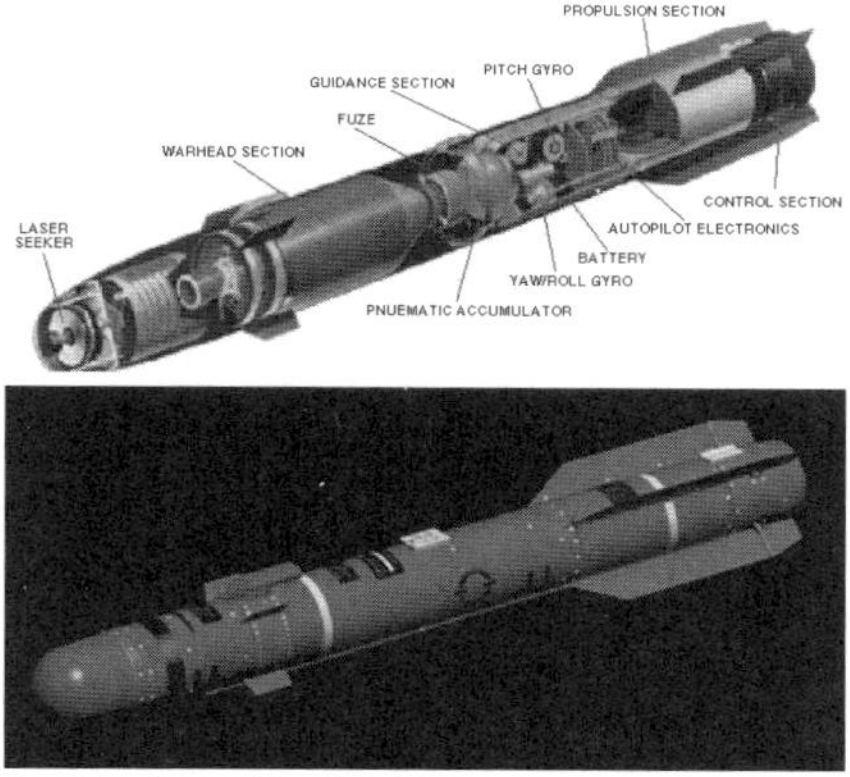

多目的に使える近距離空対地ミサイルの代表の一つがヘルファイアー（上）で、これを基にイギリスはブリムストーン（下）という発達型を開発した。
［Lockheed Martin］［Boeing］

ムは、特定範囲以外では作動しないようにして同士討ちや無用な副次的被害の発生を防ぐ、家のような動かない目標の攻撃はしない、というような設定ができる。また水面上の船のような、ある特定のレーダー反射特性を示す目標だけに突入するようにもできる。

このような自律誘導型のミサイルを遠方から多数発射されると、地上部隊の方は、よほど早期に遠くで攻撃機（ブリムストーンには地上発射型もあるが）を探知、攻撃（防空迎撃）ができないと、一方的にやられるだけになってしまう。

BAEシステムズ社は、ベトナム戦争時代から使われ続けてきている二・七五インチ（四七ミリ）無誘導（空対地）ロケット弾に、セミ・アクティブ式のレーザー誘導装置を取りつけて精密誘導型とするAPKWS（先進精密破壊兵器システム）を開発した。既存の標準型ロケット弾のロケット・モーター部の先に、折りたたみ式のフィンを内蔵するレーザー誘導装置と弾頭部を装着するもので、後は目標に対して、ヘリコプターや攻撃機、あるいは地上部隊がレーザーを照射すれば、通常の無誘導型ロケット弾と同様に、発射するだけで高い命中率が期待できる。米陸軍は二〇〇七年から、このAPKWSの実用実験を開始した。

地上から発射する無誘導型（地対地）ロケット弾の代表的存在であり、陸上自衛隊も装備している米国製のMLRS（「多連装発射型ロケット弾システム」の略）のロケット弾に、

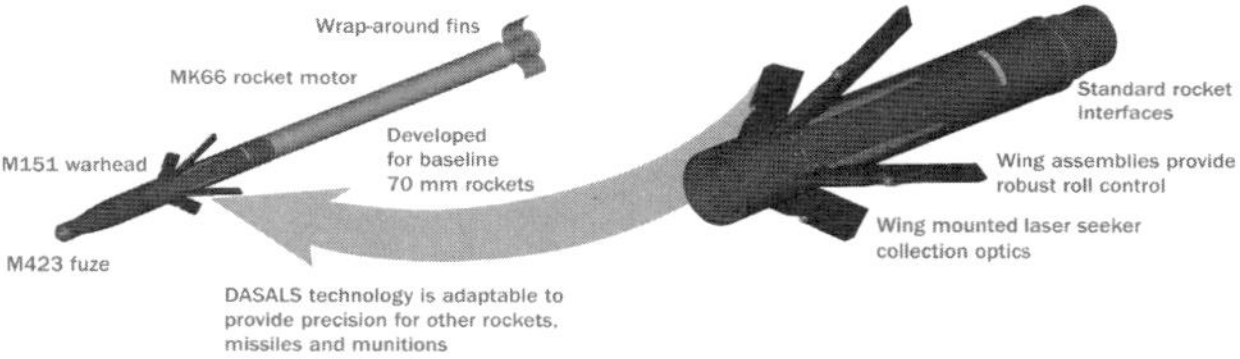

レーザー誘導装置の小型軽量化により、無誘導型の空対地ロケット弾も簡単に精密誘導型に改造できるようになった（図は2.75inロケット弾のレーザー誘導型APKWS）。［BAE Systems］

GPS／慣性誘導装置を取りつけた精密誘導型GMLRS（Gは誘導型を意味する）も開発され、二〇〇五年から米陸軍がイラクとアフガニスタンで使用し始めた。これが好評で、射程がそれまでの三〇キロから七〇キロに延びたこともあって、「七〇キロメートル狙撃銃」などとも呼ばれている。精密に当たるから、弾頭は小さくて済み、それだけ射程の延長ができ、しかも射程を延ばしても命中精度はほとんど低下しない。目標に直

無誘導の地対地ロケット弾MLRSにもGPS／慣性誘導装置が取りつけられ、市街戦でも使用できる精密攻撃型が開発されている。［Lockheed Martin］

撃するということは、周囲に余分な副次的損害を発生させないということである。このため従来の無誘導型ロケット弾では不可能であった市街地域の目標の攻撃にも使用できるようになり、さらには弾頭を火薬の炸裂型から、金属製の棒（ロッド）型にして、爆発しないでも、その命中時の運動エネルギーで目標を破壊する型の開発も計画されている（二〇〇八年中期時点）。二〇〇八年一月までに約五五〇発のGMLRSがイラクとアフガニスタンで使用されたが、その好結果から、製造会社のロッキード・マーチン社に対して四万三五〇〇発、五一億七〇〇〇万ドルという大きな発注が行われた。二〇二〇年まで毎年五〇〇〇～六〇〇〇発の割合で生産が行われる。

ＭＬＲＳは欧州諸国でも採用され、ロケット弾の生産も欧州で行われているが、ドイツのラインメタル・ディフェンス社はロケット弾に取りつけるGPS型誘導装置ＣＯＲＥＣＴを開発した。コースが定められた目標に向かう軌道から外れると、誘導装置部の周囲に内蔵した小型ロケット・モーターを点火して軌道修正を行う。二〇キロ先で縦（進行）方向の誤差を三〇〇メートルの範囲まで修正できるという。

レーザー誘導装置やGPS／慣性誘導装置の小型軽量化、価格低下で、既存の空対地兵器を簡単に、安く、精密誘導型にできるようになった。後は、その技術の発達による長所を、どれだけ生かせるかという、運用構想と体制の柔軟性に関する問題だけである。

滑空式空対地精密誘導爆弾

精密誘導に加えて、射程を延ばす技術も進歩している。ＪＤＡＭにはボーイング社とアレニア・マルコーニ社が協同で、折りたたみ式の翼を取り付ける装置が開発されている。「ダイアモンド・バック」と呼ばれるが、その名のように、ＪＤＡＭの背中に装備する折りたたみ式の翼を展張すると、翼の先端部が結合した三角形、左右の翼を上から見るとダイヤ形になる。この翼を使うと、高度六〇〇〇メートルから投下して最大三八キロ先まで滑空できる。高度を上げるなら到達距離も増大し、最大実用滑空距離として六五キロという数字が挙げられている。これは現時点において、世界で使われている大半の地対空ミサイルの有効射程外となる。

目標の位置座標さえわかって（ＧＰＳ／慣性誘導装置に入力されて）いるなら、どれだけ遠方から投下しようとも、基本型のＪＤＡＭと同じ命中率が期待できる。この翼を付けない場合のＪＤＡＭの投下可能範囲は、目標の中心からおよそ一三キロであるから、三倍から五倍も遠方から投下できることになる（最大二〇倍という数字を挙げている資料もある）。ＧＰＳやミリ波レーダーなどの目標捕捉・誘導装置の発達は、空対地攻撃の様相を革命的に変化させた。

滑空型爆弾JSOWは低高度からなら27km、高高度なら65kmの射程があり、GPS／慣性誘導装置により精密な攻撃ができる。（写真はB-1B爆撃機から投下されるJSOW）　［USAF］

米空軍が二〇〇七年から実用化を開始したGBU-39B小直径爆弾（SDB）は、折りたたみ式の翼を最初から組み込んだJDAM型誘導爆弾である。目標まで七〇キロ以上の遠方から投下して高い命中精度が期待できる。また前述のように、F-22やF-35などのステルス性の高い戦闘機や戦闘攻撃機の爆弾倉から、超音速飛行状態でも投下できる。

当初から滑空型爆弾として開発された典型が、米空軍と海軍が使用しているJSOW（ジェイソウ）（統合スタンドオフ型兵器：制式記号はAGM-154）である。一見、有翼式のミサイル（確かに誘導装置がついているのでミサイルだが）のように見えるが、動力装置は持たず、折りたたみ式の翼を広げて低高度からの投下で二七キロ、高高度からでは六五キロ以上の滑空射程が得られる。誘導はGPS／慣性誘導装置だから、JDAMと同様な命中精度が期待できる。

弾頭の種類によってA～C型の三種があり、重量は四八四～六八〇キロの各種に分かれる。二〇〇〇年から部隊配備が開始され、非常に高い実用実績を上げている。

防衛省技術研究本部はXGCS-2というGPS／慣性誘導、赤外線画像修端誘導型の滑空爆弾（写真）の開発試作を行い一応開発計画は終了したものの、なぜか実用化されずにいる。
［防衛省］

航空自衛隊に欠ける近接航空支援能力

日本でも防衛省技術研究本部がXGCS-2（Xは試作の意味）という滑空型誘導爆弾の開発試作実験を行い、二〇〇五年度で一応開発計画は終了した。XGCS-2は折りたたみ式の翼を内蔵し、誘導はGPS／慣性誘導装置を基本に、91式爆弾用誘導装置（GCS-1）で開発実績がある赤外線画像型終端誘導装置を持つ。弾頭は貫徹力に優れる二段式の成形炸薬型といわれるが、重量などの数値はわからない。また滑空距離などの具体的数値も公表されていない。

開発計画は中止にされたというが、それなら「開発計画の終了」とはされないだろう。二〇〇八年中期時点では、果たして実用化されるのかは不明だが、目標の技術的性能が得られたのなら、それを実用化しないというのは、要するに航空自衛隊は、あるいは防衛省の方針として、陸上自衛隊に対する航空支援をする気がないということなのだろう。

そのため二〇〇八年中期時点で、航空自衛隊には敵の地対空防衛網の外から目標を精密に攻撃できる空対地兵器はない（対艦ミサイルはあるが）。敵の（地対空ミサイル用をはじめとして）レーダーを攻撃する対レーダー・ミサイル（ARM）もない。ARMは水上艦船の攻撃にも有効なのだが、地上の目標を攻撃する武器は（なぜか）保有できないとする方針のためか、現在の軍備では必須のものとされているARMすら装備していない。対地攻撃、近接航空支援を行うには、まず敵の防空システムを潰しておかねばならない。そうでなければ、危なくて支援すべき味方や、潰すべき敵に近づけない。これでは目標に近接して投下せねばならないGCS-1や、これもそれほど大きな滑空距離を持たないJDAM（二〇〇八年中期時点ではまだ実際に部隊配備になるかわからない）は使えない。

つまり、二〇〇八年時点で、航空自衛隊には陸上自衛隊に対する近接航空支援能力はないし、それを行う意志もないということである。

第4章　パワープロジェクション能力

パワープロジェクションと、それに必要な要素

「パワープロジェクション能力（Power Projection Capability）」とは、ある地域（多くの場合、その国から遠く離れた場所）に自国の軍事力を展開し、作戦を実施、継続できる能力を意味する軍事・安全保障上の用語で、世界一般ではこの英語のままで使われているが日本語の定訳はない。強いて訳せば「軍事力投入能力」とでもなろうが、日本は憲法解釈上から「軍事力」は持たない（持てない）ことになっている。しかし、「プロジェクション」は単に軍隊を投入するだけではなく、その軍事的破壊力を行使しなくても、軍事力を展開する、または展開できる能力を持つことで政治的な影響力を発揮できる効果も含んでいるから、単純な武力（軍隊）の派遣だけに限定されるものではない点を理解しておく必要がある。そこで本書では、少々長いが、英語の「パワープロジェクション」という用語をそのまま使用する。

パワープロジェクション能力には次の三要素が必要とされる。

①目的の地域まで、所要の規模の自国軍隊（ないしは、NATOのような集団安全保障機構では加盟諸国の軍隊）を派遣できる機能。

これには軍艦のように、それ自身が移動能力と戦闘能力を持ち、目的の場所、あるいは近くまで自力で行けるものと、戦車のように、現地まで船や航空機、鉄道、トラックなど

の輸送手段で（戦車でも陸上を長距離移動する時には、鉄道や戦車運搬車といった移送手段を用いるのが普通で、戦車自身が長距離を自走していく場合は少ない）移動させねばならないものとがある。

②現地での作戦を可能とさせる遠距離通信機能を具備する指揮統制機能。

基本的には通信だけではなく、（映像による）偵察や、電子的な情報の収集分析能力を含めたＣ４－ＩＳＲ（Command, Control, Communication, Computer, Intelligence, Surveillance and Reconnaissance：指揮統制通信コンピュータ・情報監視及び偵察の略で、一般的にはＣ４と書くが、本来の意味からするとＣは互いに関連するので、Ｃ＋Ｃ＋Ｃ＋Ｃを意味するＣ４ではなく、Ｃ×Ｃ×Ｃ×ＣのC^4と書くべきである）と略記される総合的な能力が必要とされる。

③現地での作戦を継続できるロジスティクス（兵站（へいたん）補給）機能。

現在では、昔の「兵站補給」などという用語よりも、「ロジスティクス」という用語を使った方が理解されやすいだろう。一般会社、社会におけるロジスティクスと軍事のロジスティクスとは必ずしも同じ概念ではないが、要するに軍隊を派遣（輸送）し、その作戦を維持するために必要な食糧、水、燃料、弾薬、交換部品などの物資を届け、整備・修理作業を行い、人間を交代させる活動を続けられる能力である。

小さく少なかった海上自衛隊の補給艦

現在の自衛隊は、この三要素すべてを欠いている。

それは、自衛隊がその創設時から（憲法の制約、解釈の問題からも）、「専守防衛」戦略を基本とし、日本と、そのごく近傍の地域（海域、空域）を守る（抑止力を発揮する）というのが、ほとんど唯一無二の任務であって、日本の近くを離れての作戦を、長期にわたって実施するなどは、思いもよらないものとしてきたためである。

その典型例が海上自衛隊の補給艦（世界の海軍では「艦隊補給艦［Fleet Replenishment Ship］」と呼ばれるのが一般的）であった。

海上自衛隊初の補給艦は、一九六〇年度に計画され、一九六二年三月に完成した「はまな」である。（海上）自衛隊の発足が一九五四年だから、それから六年を経ずして（乏しい防衛予算の中から）艦隊補給艦の建造に着手したのは、外洋海軍であった旧海軍の伝統を引き継いだ海上自衛隊の面目躍如たるところがあるが（ちなみに潜水艦は、海上自衛隊発足

海上自衛隊は発足6年にして、艦隊補給艦「はまな」（写真）の建造に着手して、外洋作戦能力の建設に乗り出した。［防衛省］

二年後の一九五六年度に建造計画を具体化している）、その大きさといえば基準排水量二九〇〇トンしかなかった。海上自衛隊はどういう理由かわからないが、その艦艇の大きさ（重さ）を「基準排水量」という、およそ非実用的な数値でしか示さず、所定の燃料や弾薬を搭載した満載排水量を公表していないが、常識的に補給艦の満載排水量は海上自衛隊が言う基準排水量の二倍弱なので、「はまな」の満載排水量はだいたい五〇〇〇トン程度であろう。世界の一般的な艦隊補給艦は小さい型でも満載排水量で一万五〇〇〇トン、一般的には二万トンから三万トン、米海軍では五万三六〇〇トンという巨大な艦（サクラメント級）も造っている。この標準から見ると、「はまな」は三分の一以下のミニ補給艦であった。

海上自衛隊の作戦範囲は（練習艦隊は早い時期から、各国の港に寄りながら補給をして、世界一周航海を実施していたが）日本の近海に限られていたので、この程度の大きさの艦でも十分だとしたのだろう。しかも艦隊補給艦が「はまな」一隻という態勢は長く続き、後継の「さがみ」が完成したのは一九七九年であった。

海上自衛隊の艦隊補給艦が複数になったのは、一九八七年から「とわだ」型が登場してからである。「とわだ」型はさらに一九九〇年に二隻（「ときわ」と「はまな」）が完成した。この二隻は居住性を改善するなどの改良が施され、一番艦よりも基準排水量が五〇トン大

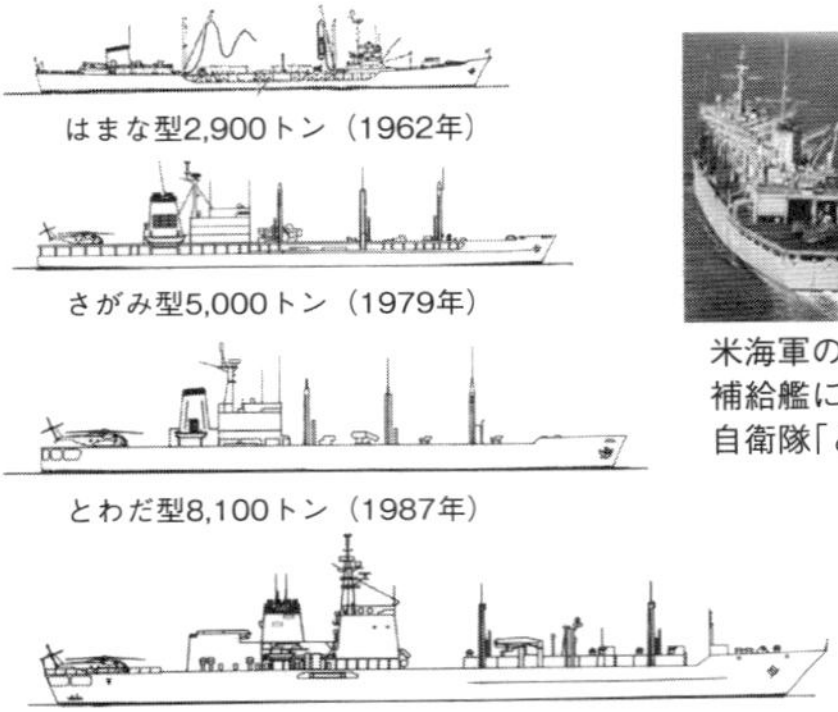

米海軍のサクラメント級艦隊補給艦に燃料を給油中の海上自衛隊「とわだ」型補給艦（右）［防衛庁］

海上自衛隊補給艦の変遷（同一縮尺：トン数は基準排水量、年は1番艦の完成年）

きくなっている（喫水が〇・一メートル増えた以外、船体寸法は変わらない）が、一九八七年度に一度に二隻の建造予算を取得したというのは、それまでの海上自衛隊の建艦政策からすると画期的な転換であった。

「とわだ」型の「基準排水量」は八一〇〇トン（二、三番艦は八一五〇トン）で、満載排水量は、英国の「ジェーン軍艦年鑑（Jane's Fighting Ships）」によると一万五八五〇トンとなっている。フランスのデュランス級艦隊補給艦とほぼ同じで、世界の艦隊補給艦の中では標準的な大きさである。もっともデュランス級は小型とは言え、固有のヘリコプター（SA319BアルエットⅢ）を搭載している（そのための格納庫と発着甲板を持つ）のに、「とわだ」型ではヘリ甲板はあるのだが、固有のヘリコプターを収容する格納庫がない。そのためヘリコプターを使っての洋上補給（「垂直補給」の英語Vertical Replenishmentを略してＶＥＲＴＲＥＰ（ヴァートレップ）という）ができず、補給を受ける側の水上艦が搭載しているヘリコプターか、他の艦からのヘリコプターの助けを借りなければならない。二〇〇一年末からインド洋・アラビア海からアフリカ東岸ソマリア沖で開始された対テロ洋上阻止作戦（ＭＩＯ）に参加している各国海軍艦艇へ、燃料や真水を補給する支援活動として派遣されている海上自衛隊の「ときわ」型補給艦は、ヘリコプターを使ったＶＥＲＴＲＥＰのために、「警備護衛」という名目の下に（確かにその目的も否定はできないが）ヘリコプターを搭載する護衛艦を同行させざるを得ない。それだけ派遣経費が多くかかるということである。

　また世界の海軍の常識からするなら、海上自衛隊の補給艦は「とわだ」型の二倍の大きさでもおかしくはなく、またよほど変な政治的意図でもない限り、世界から「そんな大きな艦隊補給艦を造ってどう使うつもりだ」などという非難を浴びたり難癖をつけられたりする可能性はない。台湾海軍は一九九〇年に満載排水量一万七〇〇〇トンの艦隊補給艦を完成させたが、中国は特別これを非難していない。日本（時の防衛庁や海上幕僚監部）は（建造予算上の制限もあったのだろうが）あまり大きな艦隊補給艦を造って、「国内から」

非合理な批判を浴びないように「自粛」したとしか思えない。国民納税者はそれだけ効率の悪い、高い買い物をさせられた結果となる。

海上自衛隊の(艦隊)補給艦が、ようやく世界でも注目される大きさとなったのは、二〇〇〇年度計画で二〇〇四年三月に一番艦が完成した「ましゅう」型になってからである。基準排水量一万三五〇〇トンだが、ジェーン軍艦年鑑では満載排水量二万五〇〇〇トンとされているから、大きさでは中国海軍の福州級艦隊補給艦(満載排水量二万三〇〇〇トン)やタイ海軍のシミラン級(二万三〇〇〇トン、同艦も中国で建造)に匹敵する。しかしこの大きさになっても、「ましゅう」型にはヘリ甲板はあるが格納庫はなく、固有のヘリコプターを搭載していない。

一方で、最大速力はガスタービン二基四万馬力で二四ノットを発揮する。これは世界の艦隊補給艦の中でも異例とも呼べる高速で、「ましゅう」型を上回る高速を発揮できる艦隊補給艦は、米海軍の空母打撃群に随伴する多目的艦隊補給艦「サプライ」級(二六ノット)くらいである。船の速力と出力の関係は非線形的で、速力を二倍にするにはおよそ八倍の機関出力が必要になる。この経済的要因から、各国海軍の補給艦の最大速力は一四〜二〇ノットが一般的である。海上自衛隊の補給艦の最大速力は、「はまな」だけは一六ノットであったが、以後、「さがみ」「とわだ」型はいずれも二二ノットの高速型とされた。

「ましゅう」型補給艦の主機はガスタービン4基で、最大速力は24ノットという、世界でも最速クラスの高速航行性能を持つ。［防衛省］

速力を一八ノットから二二ノットに上げるためには二倍の機関出力を要する。高速発揮のために大出力機関を持つと、当然、経済性が悪くなるのだが、高速水上艦隊の遠方展開や作戦の支援には有用である。しかし、さすがの米海軍でも高速発揮のための大出力機関の搭載（サプライ級はガスタービン四基、一〇万馬力の機関を搭載している）は不経済と考え、最新のルイス・アンド・クラーク級ドライカーゴ・弾薬補給艦（四万一六〇〇トン）の最大速力は、空母打撃群に随伴する補給艦であるにもかかわらず、二〇ノットに抑えられている。海上自衛隊がこのような世界でも例外の高速艦隊補給艦を揃えている運用上の理由はわからない。

「ましゅう」型は二〇〇五年に二番艦の「おうみ」が完成したが、二〇〇八年中期時点では、それ以上の建造計画はない。「とわだ」をいつまで使うつもりかは不明だが、仮に運用寿命を三〇年とすると、二〇一七年までは艦隊補給艦が五隻という、世界の標準から見て、まあまあの勢力を保てることになる。前出のインド洋・アラビア海における対テロ作戦支援の補給活動がいつまで続くのか（二〇〇八年中期時点では）

わからないが、常に一隻がインド洋に派遣されるとするなら、日本にいる四隻も一隻は修理・整備中という状態を考えねばならず、また交代のためにインド洋との往復（三週間）に必要とされる時間を考えると、日本周辺で常時動かせる補給艦の数は二隻程度になる。目の前に太平洋があり、さらにアラビア海まで出て行かねばならないという状況を想定するなら、そして今後、いわゆる「国際貢献」で海外に自衛隊が出て行く機会が増え、それだけ水上艦の派遣の機会も増えるという可能性を考えるなら、もっと数があっても（そのために水上戦闘艦＝護衛艦の建造、保有数を減らしても）不自然ではないだろう。

日本列島の半分しか飛べなかった国産のC-1輸送機

「専守防衛」「日本本土近辺での行動」しか考えてこなかった自衛隊装備の、もう一つの典型が輸送機である。航空自衛隊は創設直後には米軍から供与されたC-46コマンドウ輸送機を使用していた。一九六六年になって後継の輸送機を国内で開発する計画に着手された。C-46を航空自衛隊創立以来一〇年以上も使い続けてから、ようやく後継の輸送機開発計画が具体化したという点を見ても、自衛隊が日本を離れて人員や物資を輸送するという運用概念（作戦構想）、つまり、パワープロジェクション能力に対する考えがまるでなかった事実がわかる。

大戦後初の自衛隊向け国産輸送機として開発されたC-1は、小型で航続能力が小さく、運用の柔軟性はそれほど大きなものではなかった。

（第二次世界大戦後）初の国産輸送機C-1は、（ターボ）ジェット・エンジン双発や胴体後部に観音開き式の貨物扉を持ち、米空軍が先鞭をつけた幅八八インチ（二二四センチ）の標準パレットに貨物を搭載して床のローラーを並べた移送装置の上で容易に積み降ろし作業ができるようにする方式など、当時の最新型輸送機（例えば米空軍のC-141Aスターリフター）の基本を踏襲する設計であった。しかし、貨物搭載能力はといえば、機体は総重量三八・七トン、最大搭載力八トンという小型で、確かに離着陸に要する滑走長は六七〇メートル、平時の安全性を十分に見込んだ運用条件でも一二〇〇メートルの滑走路があれば十分という短距離離着陸（STOL）能力は有していたが、航続能力は八トンの荷物を搭載して一五〇〇キロしかなかった。搭載量を六・五トンに減らしても二二〇〇キロである。これはC-1の開発当時、沖縄はまだ米国の占領下にあり、東京（入間航空基地）を基点にして南北各一二〇〇キロ飛べれば、日本列島のほぼどこにでも到達できるという考え方から決められたからである。つまり、沖縄を除く日本列島の中でしか使用しないという条件で設計された輸送機で、本土を遠く離れた場所へ人員や貨物を運ぶという概念はまるでなかった。

ところが沖縄が返還されると、東京から直線距離で一三〇〇キロも飛ばねばならない。九州の築城や新田原からは一〇〇〇キロだが、本土の上空を飛ぶのと違って、飛行経路の大半は洋上だから、何かあった場合の着陸場所は、飛行場を持つ南西諸島の大きな島しかない。そのため途中で引き返す場合の燃料を考えると、C-1の航続能力では非常に心もとない。硫黄島が返還されて自衛隊が駐留するようになると、全行程のほとんどが洋上飛行となった。そこで機内（貨物室）に燃料タンクを増設して航続距離を延ばした特別仕様型が造られ（既成機から改造され）、沖縄や硫黄島への空輸に使用されている。当然その分、貨物室の使用可能容積は小さくなっている。

貨物室は長さ一〇・六メートル、幅二・六メートル、高さ二・五メートルの大きさしかない。横向きのシートで六〇人、空挺隊員の場合は四五人を搭乗させられるが（「わずか四五人」とも言えるが）、野砲は牽引式の一〇五ミリ榴弾砲（一門）しか搭載できない。現在の陸上自衛隊は（儀仗隊の礼砲を別として）、牽引式一〇五ミリ榴弾砲の使用をやめてしまい、より大口径の一五五ミリ牽引式榴弾砲（FH70）か一五五ミリ自走砲、二〇三ミリ自走砲（M110）だけにしてしまった。これらの大口径野砲はC-1には搭載できない。それどころかC-1はUH-1汎用ヘリコプターも搭載できない。何かあった時、目的地が日本列島の中であっても、UH-1を緊急に輸送することすらできない。もちろん、UH-1より大きなUH-60も積めない。

応用性の高いC-X輸送機

C-1の後継となるC-X型輸送機の諸元は、全長四三・九メートル（C-1は二九・〇メートル、以下、カッコの中はC-1の値）、全幅四四・四メートル（三〇・六メートル）、全高一四・二メートル（九・九九メートル）、全備重量一二〇・一トン（三九トン）で、C-1より相当大きい。最大搭載量は三〇トンといわれ、航続距離は一二トンを搭載して六五〇〇キロとされる。このくらいの航続能力があると、東南アジア全域からオーストラリア北部やインドまで一気に飛行できる。航空自衛隊がC-1と共に使用しているC-130Hハーキュリーズ輸送機では、途中に四～五回の

二番目の国産輸送機C-Xは最大搭載量が30トンで、12トンを搭載した場合6500kmの航続能力があり、大きな運用柔軟性を持つと考えられる。　［防衛省］

給油中継（と、乗員の休養）を必要としていた中東、アフリカ方面への派遣でも、一回の給油で済み、所要日数も四～五日から一～二日に短縮される。

Ｃ-１３０ＨはＣ-１の輸送能力が航続力も含めてあまりに小さいので、一九八一年度から調達（輸入）を開始した米国製ターボプロップ四発の輸送機である。ハーキュリーズ（ギリシア神話のヘラクレスの英語読み）の愛称で知られ、二〇〇八年現在でも生産が続き、世界六〇カ国以上で使用されている希代の傑作（中型）輸送機との定評がある。

その選択に誤りはなかったが、日本は合計で一六機しか購入しなかった。幸い二〇〇八年中期時点では、まだ一機の損耗もないが、イラクにおける復興支援輸送用に常に三機が派遣され、またパキスタンの地震災害救援やインド洋津波災害救難など、海外に出向く機会が多いので、国内における中間（中期）整備やオーバーホールに入っている機体を除くと、常時使用できる機数はそれほど多くはない。ちなみに英空軍は胴体をストレッチして貨物室を大型化した型や、最新のＪ型、空中給油機型を含めて四八機を保有し、フランス空軍はＣ-１３０一四機に加えて、ほぼＣ-１３０同じ大きさと能力のＣ１６０トランザールを三九機、ドイツ空軍はＣ１６０を八六機、カナダ空軍はＣ-１３０を三二機、韓国空軍はＣ-１３０Ｈを一二機持っている。

その航空自衛隊のＣ-１３０Ｈでも、陸海空三自衛隊で共通の基本型として採用しているＨ‐60ヘリコプター（陸上自衛隊の汎用型ならＵＨ‐60Ｊ）は搭載できない。二〇〇五年一〇月〜一二月のパキスタンにおける地震災害国際緊急援助活動では、被災地が山岳地帯であるためにヘリコプターが必要とされ、日本は航空自衛隊のＣ‐１３０Ｈで陸上自衛隊のＵＨ‐１を運んで行った。本来なら、このような標高の高い山岳地での救難支援活動にはエンジン出力が大きい（ＵＨ‐１ＨやＵＨ‐１Ｊの二〜四倍近い）ＵＨ‐60Ｊが適しているのだが、Ｃ‐１３０ＨではＵＨ‐60を搭載できないために、やむを得ずＵＨ‐１でがんばるしかなかった。エンジン出力に余裕がないから、高地に向けての飛行や途中にある高山を越えて行く場合には、人員・貨物の搭載量を減らさねばならない。ＵＨ‐60やＣＨ‐47級のヘリコプターでも搭載できるような大型輸送機があったなら、もっと有効な援助活動ができたはずである。これは冷戦後の世界における航空装備の分野における大きな教訓で、単にパワープロジェクショ

C-1の小さな空輸能力を補うために米国から購入されたC-130H輸送機だが、UH-60ヘリコプターを搭載できないため、パキスタンの地震災害支援ではUH-1を持っていくしかなかった。（写真はUH-1のC-130への搭載）

［防衛省］

ン用だけではなく、平和維持活動や人道支援活動などの非軍事的任務にも軍隊が投入される機会が増大すると、大量の貨物や大型の貨物を運べ、長距離を飛べる大型輸送機の必要性が強く認識されるようになっている。

前出の諸空軍でも、イギリスやカナダ、オーストラリアは、Ｃ-１３０よりも大型で長距離を飛べるＣ-17ＡグローブマスターⅢジェット輸送機を四～六機保有しているし、ＮＡＴＯは加盟国が大型輸送機を共用できる機構（組織）を新設した。二〇〇八年中期現在では、ロシア／ウクライナの民間会社が保有、運用しているＡｎ-１２４ルスラン超大型輸送機を一定数、即時チャーター可能な状態で待機させるＳＡＬＩＳ（サリス）（戦略空輸暫定計画の英語の頭文字をとったもの）という方式だが、二〇〇七年六月にＣ-17Ａを三機、共同で調達するという方針（戦略空輸能力＝ＳＡＣ）が決まり、これが引き渡されるとＮＡＴＯ所有の共用大型輸送機として使われるようになる。

二〇〇八年中期時点で、政府専用機として使用されているＢ７４７-４００輸送機二機を除けば、自衛隊が持つ最も大きな輸送能力を持つ機種は前出のＣ-１３０Ｈであり、その輸送能力は非常に限られている。最大一九・四トンの搭載能力と最大五五〇〇キロの航続能力があるが、一八トンを搭載すると航続力は三六〇〇キロに減少する。この程度の能力の輸送機が全部で一六機程度あったところで、その合計空輸能力は高が知れている。Ｃ

-Xが実用化されるなら、遠距離にそれなりの量の物資や人員を輸送するパワープロジェクション能力は大きくなるが、それでも、二〇〇八年中期時点での調達（生産）予定数は、C-1と同程度の最大三〇〜三三機前後とされ、下手をすると（財政上の制約から）調達数はもっと減る可能性もある。六〇機前後の生産とする説もあるが、もちろん、まだ予算措置の裏付けは取れていない。

C-Xを第1章で述べたような早期警戒管制機や、信号情報収集機（SIGINT機）、積極的な電子的攻撃任務（インフォメーション・ウォーフェアー：第5章参照）を行う電子戦機、さらには空中給油機、地上の指揮司令部が弾道ミサイルによって攻撃される危険がある場合に空中から指揮をとる空中司令部機、一般国民の生活にも役に立つ気象観測機、これも民間の役にも立てる宇宙観測機、同様な任務の弾道ミサイル・宇宙ロケット実験観測・追跡機、各種の新技術の飛行状態での実験を行う試験機など、C-Xの応用可能分野は相当に広い。機内（貨物室）容積が大きいという輸送機の特性はいろいろな目的に応用ができるから、せっかく国民の税金を使って国内で開発した機体をなるべく多くの分野に利用して、生産数を増やすことで単価を下げるという方法を実行してしかるべきだろう。

ただし、二〇〇八年中期時点で見ると、C-Xには構造上の欠陥が見つかり、その是正に要する時間から実用化が遅れ、財政措置の問題から、調達数がさらに制限される可能性もある。日本自身、また防衛省、自衛隊全体、航空自衛隊自身がパワープロジェクション戦略に対して及び腰（無関心）であるだけではなく、いわゆる「国際貢献」に何が必要か、という装備政策にも比重を置いていないように見受けられることから、C-Xを優先的に装備しようという意気込みが感じられない。

中国は一九九〇年代初めにロシアからIl-76（NATOコードネームは「キャンディッド」）二五機を調達し、一九九二年の国連カンボジア平和維持活動に参加する中国軍兵士と装備を運び、その保有を初めて明らかにして世界を驚かせた。Il-76は全幅五〇・五メートル、全長四六・六メートル（胴体を六・六メートル延長した型もある）、全高一四・八メートル、ターボファン四発、全備重量一九〇トン、貨物室の長さは二四・五メートル、幅と高さは三・四メートル、最大搭載量は四七トンという大型で、この最大搭載量で

中国はロシアからIl-76輸送機（写真上）55機と、それを基にした空中給油機Il-78（下）を8機購入し、大きな遠距離航空輸送・軍事展開能力をもつようになった。［cinatoday.com］［RuAF］

も三八〇〇キロ、二〇トンの搭載量なら七三〇〇キロの航続能力がある。二〇〇〇年代に入ってから、さらに三〇機が追加購入され、中国はＩｌ-76大型輸送機五五機を中心とする大きな空輸能力を保持するようになった。

この三〇機のＩｌ-76追加発注と同時に、中国はＩｌ-76を基にした空中給油機型Ｉｌ-78（マイダス）八機も発注している。Ｉｌ-78の給油用も含めた総燃料搭載量は一一三トンもあり、中国軍の遠距離パワープロジェクション能力は相当に強化されつつあると評価していいだろう（それでもなお四川大地震では中国軍空輸能力の不足が教訓として上げられている）。

航空自衛隊の空中給油機は、当面、燃料搭載量九二トンのＫＣ-７６７四機であるが、既存のＣ-１３０Ｈの一部にヘリコプター用の空中給油装置を必要に応じて取りつけて、給油機として使用する方式も併用する。しかしＫＣ-７６７か、それに相当する大型の空中給油機を、これ以上増やす具体的な計画は二〇〇八年中期現在ではまだない。

ＫＣ-７６７Ｊはボーイング７６７-２００ＥＲ輸送機（旅客機）を基に開発された空中給油機で、二〇〇一年に対抗馬のエアバスＡ３１０改造型を抑えて採用された。ＫＣ-７６７は米空軍では二〇〇八中期時点では使用されていない型だが、その一年前にイタリア空軍がＫＣ-７６７を採用していたし、当時、米空軍はＫＣ-７６７をＫＣ-１３５空中給

航空自衛隊が４機購入したKC-767Jはボーイング767を基にした空中給油・貨物輸送機で、イタリアも同型機を採用した（イタリア型は2種の空中給油方式を持つ）。 ［防衛省］

油機の後継としてまず一〇〇機をリース調達して、さらに後日、多数を追加調達する可能性が非常に高いと考えられていたから、航空自衛隊としては当然の選択であったろう。また航空自衛隊は既に767を基にした空中早期警戒（AWACS）型のE-767を採用していたから、機体の共通性による教育・整備・補給上の利点からも妥当な選択であった。

ところが米空軍のKC-767計画は国防総省調達担当者による不正発覚や、適切な競争比較なしに決定されたなどの批判が起こって白紙還元となってしまい、改めて767とエアバスA330を基にするKC-30型（これは仮称で、制式型はKC-45になる）との競争比較が行われることになった。その結果、二〇〇八年初頭になってようやくKC-30型の採用が決まった。だがこの「欧州製機」の大量調達に対して、議会を始めとして反対の声が強く出た上に、政府監査庁（GAO）の選定過程調査報告でも、競争比較の内容が公平でないとされ、競争入札がやり直しとなった。二〇〇八年中期時点では、同年末まで

米空軍はKC-135空中給油機の後継としてKC-767とエアバスA330を基にする型を比較した結果、後者をKC-45として採用したが、異議が出て選定はやり直しとなった。　[Northrop Grumman]

には結論が出るとされている。

Ａ３３０を基にする空中給油機型はイギリス、オーストラリア、ＵＡＥ、サウジアラビアなども採用し、一方ＫＣ-７６７型は二〇〇八年中期時点で、イタリアと日本以外に採用していない。米空軍は新型給油機を当面一七九機調達するが、五五〇機あるＫＣ-１３５と一対一で交代させるというほどの多数ではないにせよ、その後もかなりの数の調達が見込まれる。日米共同作戦の見地から、空中給油機のような機種まで共通にする必要はなく、基本的には空中給油装置さえ日米で適合すればよい（航空自衛隊のＫＣ-７６７Ｊでは、空中給油装置はフライング・ブームというパイプを受油機の受油口に差し込む方式だけだが、イタリア空軍のＫＣ-７６７は胴体後部のフライング・ブームに加えて、主翼両端の下部には給油ホースに受油パイプを差し込んで給油を受けるプローブ・アンド・ドローグ方式の給油ポッドを装備している）。だが日米の給油機が異なると、「周辺事態」において後方で米軍機への給油支援活動を行う場合、整備用工具や部品の共通性がないなど、同じ機種を使用するような利便性は発揮できないだろう。

ＫＣ-７６７の燃料は主翼と胴体中央部の床下にあるタンクに収容する。このため胴体内上部（旅客機で客室に相当する部分）には貨物や人員の搭載が可能で、貨物なら最大三〇トンを搭載、人員なら二〇〇人を乗せることができ、七〇〇〇キロを飛行できる。１／２トン・トラック（ジープ）なら四輌を搭載できるが、胴体前方左にある上開き式の貨物扉から出し入れするのだから、Ｃ-１３０やC-Xのような胴体後部に大きな観音開き式の貨物扉を持つ輸送機に比べると使い勝手は悪い。それでもパレットに載せた貨物を遠方に運ぶという用途には、これまでに航空自衛隊が保有した輸送機とは比較にならない大きな能力を発揮できるだろう。中東やアフリカ方面に対する緊急物資輸送でも、シンガポールかタイに一度給油に寄るだけで済むから、ほぼ二四時間で到達できる。

米空軍は一九八一年から六〇機を装備した（二〇〇八年中期時点の保有数は五九機）KC-10（DC-10旅客機を基にした空中給油型）を、単なる空中給油用途だけではなく、戦闘機部隊の長距離展開支援用に活用している。最大七七トン、４６３Ｌ標準型貨物パレット二七枚の貨物搭載能力（ＫＣ-７６７は最大一九枚、ＫＣ-45は三二枚）を生かして、戦闘機の予備エンジンや整備機材などを整備要員と共に搭載し、戦闘機に空中給油をしながら目的地まで飛んで行くという方法である。ＫＣ-10自身も空中給油を受けられるように受油口を有している。

このような戦闘機部隊の展開方法は、展開先にＫＣ-10が運用できる飛行場が確保されているという前提条件が必要だが、整備要員や機材を別に輸送機で空輸するよりも短時間の海外展開が可能になる。ただし、その後、燃料や交換部品などの補給が継続できる空輸態勢も確保せねばならない。航空自衛隊もＫＣ-767を戦闘機部隊の遠距離展開支援用として使用できるが（展開先に飛行場が確保されるという前提だが）、総数が四機程度では、一度に投入できるＫＣ-767の機数は二機が限界で、展開を支援できる戦闘機の機数も一桁程度に制限される。したがって今後、航空自衛隊が二桁以上の空中給油機を保有するようにならない限り、その戦闘機部隊を短時間に海外に展開できるパワープロジェクション能力は、極めて限定されたものでしかないと言えよう。

DC-10旅客機を基にした空中給油機KC-10（写真）は最大77トンもの貨物を搭載でき、地上支援器材や要員を搭載して、戦闘機部隊の海外展開に使われている。
［USAF］

航空機発進基地として自由に使える空母

しかも、このような前方基地への部隊進出には、当然ながら、その基地がある国の使用承認が必要となり、常に前進基地が確保できるとは限らないし、できない場合の方が多い。

現在の戦いで航空戦力は不可欠の要素だから、例えヘリコプターでも作戦に投入できないなら、自軍の作戦行動に大きな制約を受けるだけではなく、三次元の機動能力を持つ航空機を運用できる相手に対して絶対的に不利になる。

この点で、公海上にある航空基地、つまり航空母艦（空母）は、遠隔の地にも航空戦力を展開できるという能力を提供する絶好の手段となる。ただ一般に空母から発進する航空機は大きさが限られ、またその作戦行動半径は空母の位置からとなるから、内陸奥部への作戦には自ずから制限がある。しかし、世界の人口の六〇パーセント以上は海岸部から一〇〇キロ以内に住んでいるとされるので、必然的に、軍事作戦にせよ人道支援活動にせよ、比較的沿岸部に近い場所でそれらが実施される可能性が大きい。

陸地へのパワープロジェクション（地上部隊や航空戦力の投入）だけではなく、洋上交通路（通商路）、つまり、自国へのシーレーンの通航が外国や非政府武装勢力の妨害に遭わないようにするため、そのような障害が生じた場合には自力で排除できるように、洋上で航空戦力を運用できる空母が不可欠となる。潜水艦隊の整備を軌道に乗せ、沿岸海軍から外洋海軍に変身しようとしている中国が、また経済発展を維持するためには石油をはじめとする多くの資源を国外から輸入せねばならない中国が、空母の保有に向かうであろうことは、安全保障・軍事上の常識である。問題はそれがいつになるかである。

ウクライナがソ連邦であった時代に建造に着手され、ソ連邦の崩壊に伴って七〇パーセント弱の完成度で作業を中断していた空母「ワリャーグ」を、中国は二〇〇二年に購入した。当初はマカオでカジノに使うと説明されたが、二〇〇八年中期時点でも、まだ大連のドック内で整備、修理、あるいは建造作業を継続している。このワリャーグ（中国が購入後は、一六八一年に台湾を征服した清朝の将軍の名前を取って「施琅（シーラン）」と改名された）を中国がどう使うつもりなのかに、世界の関心が集まっている。塗装は中国東海艦隊の色に塗られているが、二〇〇八年中期時点では、まだ洋上に出てきたという情報はない。「施琅」が果たして洋上を自力で航行できる状態にまで修復（建造続行）されるのかも定かではない。一説には、中国海軍は

中国は2002年に未完成の旧ソ連空母「ワリャーグ」をウクライナから購入し、大連で整備・修理を行っている（写真）。中国で初の実用型空母になるのかはわからない。　[sinodefenceforum.com]

同艦を練習空母として使用し、二〇一〇年頃から本格的な空母の国内建造に着手するのではないかと推測されている。

インドはアジア地域では第二次世界大戦後、最も早く空母を持った国であり、以後、英海軍の中古空母を購入するという形で空母の保有を続けてきたが、二〇〇〇年代に入り、ロシアのＶＳＴＯＬ（短距離滑走・垂直着艦）型空母「アドミラル・ゴルシコフ」を無償で譲渡される代わりに、ロシアで本格的な空母（満載排水量四万五四〇〇トン）に改造する、というロシアの提案を受け入れた。艦載機も中古の英空母（元のハーミーズ）に搭載していたシー・ハリアーに代わって、ＭｉＧ-29戦闘機の艦載型（単座型のＭｉＧ-29Ｋと複座戦闘練習機型のＭｉＧ-29ＫＵＢ型、合計一六機を発注済み）を運用する。

インドはロシアから中古の「アドミラル・ゴルシコフ」を無償譲渡され、それをロシアに依頼して有償で本格的な空母（STOBAL）に改造している（上は完成予想図）。

空母にはカタパルトが装備されず、搭載機は上方に反った艦首飛行甲板部のスキージャンプと呼ばれる滑走台を走って飛び出し、着艦は米空母と同じように制動装置（アレスティング・ギア）を使って停止するＳＴＯＢＡＲ（短距離滑走発進、制動式着艦）と呼ばれる発着艦方式になる。STOBAR型の艦載機はVSTOL型のシー・ハリアーなどよりは多くの燃料や兵装を搭載でき、それだけ戦闘能力が大きくなる。「ヴィクラマディチャ」と改名された同艦は、当初の予定では二〇〇八年末までには改造を終えてインドに引き渡されるはずであったが、ロシア側の工事が遅れ、二〇一〇年以後になる可能性が大きい。

米海軍の「多目的」空母

空母というと、日本はいまだに第2章で述べた政府統一見解に囚われているが、どんな兵器でも、攻撃専用、防御専用という区別はないというのが世界の常識である。また「攻撃的」か「防御的」かは、立場や個人の解釈の問題で、定義があるわけではない。核弾頭付きICBMは確かに、「相手国の国土の壊滅的破壊」にも使えるが、それ「のためにのみ用いられる」かと言うと、冷戦時代の後半には国土の破壊よりも、相手の戦略核攻撃手段やその指揮統制手段に限定して破壊する方法（カウンター・フォース）が主流となった点から見ても、国土の壊滅的破壊のための手段とは限定できない。相手の攻撃手段を破壊すること自体が、自分がやられないようにするための「防御的」行動である。

海軍、兵器の世界では「攻撃型空母」という言葉や分類はない。米海軍は一九六〇～七〇年代に、旧式化した空母に対潜作戦機を数多く搭載し、それを「対潜空母（艦種記号は

ＣＶＳ）」と呼んだ。これと区別するために、戦闘機や攻撃機など多種の航空機を搭載する在来型の空母を「攻撃空母（アタック・キャリアー：ＣＶＡ）」とした。一九七〇年代中頃に対潜空母が老朽化で退役すると、攻撃空母に対潜機を載せるようになり、これに伴って呼称も「多目的空母」、記号はＣＶ（原子力推進型はＣＶＮ）とされた。「攻撃型空母（アタック・タイプ・キャリアー）」という呼称、艦種分類は存在したことがない。

空母は基本的に多目的型である。搭載する（できる）航空機によって、こなせる任務は変わり、いろいろな任務に投入できる洋上航空基地である。例えば対潜作戦用としては、対潜機からのデータを融合して、統合的な対潜作戦の指揮を行う情報処理・指揮施設を持つに越したことはないが、対潜機（例えば対潜ヘリコプター）自体が、ある程度自分で情報処理ができるなら、空母にその種の専用施設を必要としない。

米海軍は一九八〇年代にソ連海軍の増強に対抗するために一五隻の空母（常時、ないしは短時間で展開できる数で、実際には長期整備の空母も含めると一六隻）を保有したが、冷戦後、次第にその数を減らし、二〇〇八年中期時点で一一隻（長期整備修理改造中の艦を含める総数）になってしまった。米空母の建造計画からすると、二〇一二年頃から三年ほどの間は一〇隻まで減ってしまう。

どうして数が減っているかというと、建造費、維持運用費があまりに高価であるからに他ならない。二〇〇八年に起工されるジェラルド・R・フォードCVN-78の建造費は一二〇億ドル（二〇〇八年中期時点の円ドル換算率で約一兆二三〇〇億円）、同年中に竣工する予定のニミッツ級原子力空母の最終艦（一〇番艦）ジョージ・H・W・ブッシュCVN-77の約二倍にもなる。これは新型であるために研究開発費がかかっているからだが、

2008年に起工予定の米海軍の最新型空母ジェラルド・R・フォード（図）の建造費は１兆2300億円もする。この巨費を支出できる国は他にないだろう。［U.S. Navy］

いずれにしても、この巨費を支出できる国は米国以外にはないだろう。運用経費も五〇〇〇人の乗員を乗せて単純に動くだけで、年間二億ドル以上かかる。航空機を飛ばし、実戦ともなれば、その経費は飛躍的に増大する。石油の価格上昇で、さらに運用経費が増大している。米空母は二〇〇八年夏に最後の通常推進型のキティ・ホークCV-63が退役して、すべて原子力推進型になったが、それでも航空燃料は石油製品であり、護衛の巡洋艦や駆逐艦は油の燃料を使っている。米海軍では巡洋艦を原子力推進にしようという検討が始まった。

英・仏の大型空母保有計画

フランスは第二次世界大戦後、米国からもらった中古軽空母からスタートして、一九六〇年にクレマンソー、フォッシュという通常推進型、満載排水量三万三〇〇〇トンの空母二隻を建造した。一〇万トンもある米海軍の空母の三分の一の大きさだが、米国製の蒸気カタパルトを備えた「本格的」空母であった。次に原子力推進型ヘリコプター空母建造計画が生まれ、この計画が遅延して、クレマンソー級の後継艦として本格的な原子力空母建造計画が生まれ、一番艦シャルル・ドゴールが二〇〇一年に完成した。満載排水量四万二〇〇〇トン、固定翼機、ヘリコプター合計三六～三八機を搭載する。当初の計画では二隻が建造されるはずだったが、建造費が高いために実現せず、一隻だけで終わっている。

しかし、二〇〇三年になって通常推進型空母一隻を建造する計画が生まれ、同時期に空母二隻の建造計画を進めていたイギリスと共同で、基本設計が同じ艦を造ることになった。満載排水量は七万トンと大型で、通常推進型だが、ガスタービンで発電機を回し、得られた電気で電動モーターを駆動して推進器（プロペラ）を回す電気推進方式である。

イギリスは財政的な困窮から、一九七〇年代に固定翼機を搭載する空母を全廃してしまった。代わりに対潜作戦を重視して、対潜ヘリコプターを搭載する二万トンの「全通甲板型（スルー・デッキ：飛行甲板が船首から船尾までつながっている）」巡洋艦を建造した。

イギリスとフランスはパワープロジェクション能力を高めるために大型空母の保有計画を進め、基本的には同じ設計の空母をイギリスは2隻（上）を建造、フランスは1隻（下）の建造を計画している。
［BAE Systems］［DCN/Thales］

一九八〇〜八五年に三隻が造られたが、途中からハリアー垂直離着陸戦闘攻撃機を基にした艦載型（シー・ハリアー）を搭載して、多目的軽空母とする方針に転換された。これが非常に幸いして、一九八二年に勃発した南大西洋フォークランド諸島の領有権を巡るアルゼンチンとの戦いで、二年前に完成した一番艦インヴィンシブルが投入され、シー・ハリアーとシー・キング対潜ヘリコプターを改造した早期警戒機が大変な威力を発揮した。特殊作戦部隊（コマンドウ）を搭載するコマンドウ空母であったハーミーズも、シー・ハリアーを搭載する多目的軽空母に改造され、フォークランド奪回機動部隊の旗艦として活躍した。

ハーミーズはその後インドに売却され、残ったインヴィンシブル級三隻の後継をどうするのかと注目されたが、一九九〇年代の後半になると、他の水上艦の数を削ってでも大型空母を保有するという方針が打ち出された。その後、紆余曲折があり、前述のようにフランスと共通の船体や推進機関を持つ空母を二隻建造することになった。フランスが米国開発のリニア・モーター式カタパルトを装備するCTOL型空母なのに対して、イギリスはF-35の垂直離着陸型を搭載するSTOBAR型とするなど、英・仏型ではかなり異なる部分がある。英海軍型の満載排水量は六万五〇〇〇トンで、二〇〇八年に二隻の建造発注が行われ、一番艦「クイーン・エリザベス」の完成は二〇一三年が予定されている。仏海軍型の完成は当初二〇一五年に予定されていたが、二〇〇七年に就任したサルコジ大統領はフランス国防政策の大幅な見直しを行い、新型空母を建造するか否かの決定を、二〇一二〜一三年頃まで遅らせることにした。建造に高額の経費がかかるのが大きな理由だが、一方、石油価格の高騰から、推進機関を原子力にする案も浮上してきている。

イギリスが他の水上艦勢力を減らしても空母を持とうというのは、そのパワープロジェクション能力からに他ならない。ロシアもソ連の崩壊で一隻しか完成しなかったSTOBAR型空母「アドミラル・クズネツォフ」に続いて、新型空母の設計を二〇一〇年までに終え、二〇一六〜一七年に一番艦を完成させるという計画を進めている。ロシア海軍のウラジミール・マソリン司令官によると三隻の建造が計画され、推進機関に原子力を採用する方式が検討されているという。

多くの国が空母保有に動いている背景には、冷戦後の世界の安全保障環境では、やはり遠隔の地で航空戦力を運用できない限り、予想される目的（任務）を達成できないという広い共通の認識がある。目的（任務）には、もちろん航空機を運用できる能力をもって相手に威力を示す（威嚇する）、あるいは国の威信を示すというものもあるが、軍事力の直接的行使だけではなく、平和維持活動、人道支援活動も含まれる。これらの任務には軍事力の直接行使と同列に位置される重要性が認められている。別の表現をするなら、今後の世界では、航空機を運用できる水上艦の有用性が極めて高いということである。

イタリア海軍の航空機搭載多目的艦

どれだけの大きさ、能力を持つ空母が必要かは、各国の運用目的、財政事情、技術レベルなどによって変わってくるが、本格的な空母だけではなく、それに準ずる航空機運用能力を持つ多目的艦の建造、保有計画も多くなった。

例えばイタリアである。伊海軍は一九八五年に満載排水量一万三八五〇トン、全長一八〇メートルという小型の空母で、ヘリコプター一七機の他に米国製のＡＶ-８Ｂハリアー

Ⅱ垂直離着陸戦闘攻撃機一五機を搭載する「ジュゼッペ・ガリバルディ」を完成させたが、二〇〇七年には二倍の大きさとした満載排水量二万七一〇〇トン、全長二三五・六メートルの「カブール」を就役させている。ガリバルディと同様にＶＳＴＯＬ型で、搭載機は当面はＡＶ-８Ｂを使用し（八機）、後にＦ-35ＪＳＦの垂直離着陸型やＵＡＶ（無人機）を

イタリアは2007年に2万7100トンの中型空母「カブール」（写真）を就役させた。VSTOL型の艦載機を搭載するほか、格納庫には戦車やトラックも搭載できる。
[Fincantieri]

運用できるように配慮されている。ヘリコプターは比較的大型のＥＨ-１０１を一二機も搭載するが、さらに格納庫には航空機の代わりに戦車やトラックを収容できるように計画され、格納庫甲板と飛行甲板を結ぶ航空機用エレベーター二基に加えて貨物用のエレベーター三基を持ち、艦尾と右舷には車輌が自走で出入りするためのロー・ロー・ランプを備えるという、多目的艦に相当する設計とされている。これは元来がヘリコプター搭載ドック型揚陸艦（ＬＨＤ）として計画されたものの、途中から、より空母としての機能を重視した設計に改められたからである。「空母」となってからも、三二五人の海兵隊員や、

最大二二五人の司令部要員を収容でき、水陸両用作戦用の指揮統制施設、手術室、ＩＣＵなどを含む充実した医療施設などを有している。

イタリアはカブールの前に、「サン・ジョルジオ」級という満載排水量八〇〇〇トン、全長一三七メートルのドック型揚陸艦三隻を建造している（一九八七〜九四年に完成）。

イタリアが1987～94年に3隻を完成させた「サン・ジョルジオ」級ドック型揚陸艦の3番艦「サン・マルコ」（写真）は市民防衛省の予算で建造され、災害救難支援任務を重視した装備が施されている。　[Fincantieri]

海上自衛隊の「おおすみ」型輸送艦（ドック型揚陸艦）より一回り小さい艦だが、同じような全通甲板型の設計で、艦内の格納庫には全高六・六二メートルのＥＨ‐１０１ヘリコプターを収容できる。搭載機数はＥＨ‐１０１クラスのヘリコプターなら三機、ＡＢ‐２１２クラスの小型なら五機となる。さらに三隻のＬＣＶＰ（車輌・人員揚陸艇）かＬＣＭ（多用途揚陸艇）を搭載し、艦尾には艦内のウエル・デッキに出入りするための扉がある。二〇〇〇年代に入って近代化改造が施され、指揮統制能力に加えてヘリコプター運用能力も高められた。二番艦の「サン・マルコ」は市民防衛省の予算で建造され、災害救難支援任務を重視した装備が施されている。サン・ジョルジオ級の後継として一万八〇〇〇～二万トン級のLHD三隻の建造が計画され、ヘリコプター五機の同時発着が可能な全通型飛行甲板と、六〇〇人の収容能力、四隻の揚陸艇を搭載する基本案が検討されている（一番艦の完成は二〇一二年の予定）。

「政治的配慮」で使い難くなった「おおすみ」型輸送艦

「おおすみ」型輸送艦は、それまでの海岸に乗り上げる（ビーチングという）LST（戦車揚陸艦）型輸送艦に代わる大型輸送艦として、一九九八～二〇〇三年に三隻が完成した。全通型ヘリコプター甲板と艦内にウエル・デッキを持ち、基本的構造はLPDないしはLHDだが、米海軍のLPD（一万七〇〇〇トン）よりやや小さく、LHD（四万トン）よりはだいぶ小さい。スペインの「ファン・カルロスI」（満載排水量二万八〇〇〇トン、二〇〇八年に竣工）級と比べても半分程度の大きさである。

ウエル・デッキ内には米国製のホバークラフト型揚陸艇LCAC（エルキャック）二隻を収容し、三三〇人の人員（陸上自衛隊普通科三個中隊に相当）と、90式戦車一〇輌か一四〇〇トン分の貨物を搭載できるが、飛行甲板の前半は車輌や貨物の搭載、荷捌き場所として使用し、後部に陸上自衛隊や航空自衛隊が使用するCH-47J大型輸送ヘリコプター二機を同時に発着

1998～2003年に3隻が建造された海上自衛隊の「おおすみ」型輸送艦は、船体内のウエル・デッキにLCAC揚陸艇2隻を収容できる。［防衛省］

させられるスポットがある。ところが艦内の格納庫（車輌甲板）にはＣＨ-47が入らない。それ以前の話として、格納庫と飛行甲板を結ぶエレベーターにＣＨ-47は寸法が大きくて収まらない。このため二〇〇四年末に発生したインド洋の津波災害に対する救難支援に三番艦の「くにさき」が派遣された時、エレベーターに収まるＵＨ-60Ｊは艦内に収容していったが、ＣＨ-47三機はローターを取り外し、機体全体に「コクーン（繭）」と呼ばれるプラスチックのカバーを被せて（覆って）、飛行甲板に露天繋留して運んで行った（「はじめに」Ｐ13の写真）。

「おおすみ」型の建造が計画された時、陸上自衛隊と航空自衛隊にはＣＨ-47の配備が始まっていたから、当然、この輸送ヘリコプターの艦内収容が考えられてしかるべきであったろう。それがされていなかった（ＣＨ-47よりも大型の海上自衛隊の掃海・輸送ヘリコプターＭＨ-53Ｅも艦内に収容できない）というのは、陸海空の連携

「おおすみ」型輸送艦の艦内の車両格納庫にはCH-47J大型輸送ヘリコプター（写真後方）を収容できないため、輸送の際には飛行甲板に露天繋留となる。　［防衛省］

がまるで取れていなかったために、結果として、それを購入する税金を支払わされた国民納税者は、効率が悪い買い物をさせられたということになる。コクーンで防錆対策を施して運べば露天繋留でも問題はないというだろうが、現場に到着してからコクーンを剥がし、ローターを取りつけ、エンジンの試運転と試験飛行を行ってからでないと実用に供せない。災害の救難支援では、その時間が鍵となる場合が少なくない。露天繋留のヘリコプターでは、荒天で破損したり波に持って行かれたりする危険性もある。

しかし、「おおすみ」型の艦内にCH-47の収容を考えなかった背景には、それを可能にすることで「おおすみ」型が外国の領土に陸上自衛隊部隊を進出（侵攻）させる用途を考えているのではと疑われることを避けた政治的配慮による、とする話もある。本当だとするなら、そんな政治的配慮のために、我々国民は使い難い、利便性に欠ける装備を買わせられたという思いが一層強くなる。

確かに「おおすみ」型が建造された時、その「外形」から「空母に改造できる」という議論、ないしは難癖がつけられた。何をもって「空母」と定義するかを明確にしないと意味のない議論だが、「航空機」運用能力を持つというだけで空母と呼ぶなら、「おおすみ」型は空母と呼べるだろうが、その航空機運用能力はヘリコプターに限定され、それもCH-47を艦内に収容できないほどお粗末なものである。固定翼機を運用する能力をもって空母と定義するなら、その固定翼機を発着させるだけではなく、整備し、航空兵装用の弾薬庫を持ち、固定翼機による航空作戦を指揮統制できるシステムを持たねばならない。各々の能力に関しては、いろいろなレベルがあるが、形が全通甲板型で空母に似ているからといって、それだけで空母だとか、空母に改造できるとは言えない。例えば飛行甲板、格納庫甲板の強度である。CH-47の全備重量は二二・七トンだから、これが発着できる甲板強度なら、一四・一トンのAV-8BハリアーⅡの発着は可能だろう。ハリアーⅡの全幅は九・二五メートル、「おおすみ」のエレベーターは、幅が増加燃料タンクつきのUH-60の五・四六メートルでギリギリだから、現在のエレベーターではハリアーⅡを格納庫（車輌）甲板には降ろせない。エレベーターを拡大するなら、それは相当に大規模な工事になる。ただUH-60の全高はローター・ヘッド頂部までが三・七六メートルなので、全高三・五六メートルのハリアーⅡの格納庫甲板への収容は可能だろう。

「おおすみ」型輸送艦の飛行甲板にAV-8BハリアーⅡ戦闘攻撃機（写真はスペインのハリアーⅡ）を発着させられるが、車両格納庫に収容するにはエレベーターの拡大が必要になる。［U.S. Navy］

しかし、搭載機がF-35JSFの垂直離着陸型（F-35B）となると話は違ってくる。この戦闘機は全備重量が二九・七トンもあり、海上自衛隊のMH-53Eの三一・六トンほどではないにしても、その後継となるMCH-101の一四・六トンよりずっと重い。全高も四・五七メートルあるので、五・六九メートルのCH-47が収容できる程度の天井高がないと難しい。MCH-101の全高は六・六二メートルあるので、格納庫に七メートル近い天井高がないと収容できない。海上自衛隊の掃海・輸送ヘリコプターMH-53Eの全高は九メートル近くあるので、これが収容できるならCH-47の収容に問題はない。ただし陸上自衛隊が装備する車輌の全高は三～四メートル程度で、最も背が高い車輌に属する重装輪回収車でも三・八メートルだから、その二倍近い天井高を車両甲板兼航空機格納甲板に確保するためには、当初から大型ヘリコプターの収容を考えておかねばならない。

飛行甲板や格納庫甲板の強度を高め、航空機用エレベーターを大型化する改造はかなり大規模だが、格納庫甲板の天井高を高める改造は、ほとんど船全体を造り替えるような、もっと大きな規模となる。当初から、そのような改造を見込んでいない限り、改造するよりも（条約などで、新規建造ができない場合は別として）新しく造った方が早い。

「おおすみ」型はインド洋津波災害派遣をはじめとして、それまでの国際貢献活動で得られた教訓を基に、二〇〇六年度から「国際緊急援助活動に対応する大型艦の運用性向上」改造が実施されている。フィン・スタビライザーを装備して船体の安定性を高め、航空燃料の搭載量を増やし、医療設備を拡充したり、艦の乗り降りが容易にできるように舷梯（げんてい）を改良したりするなどである。これからすると、同艦の当初の設計はヘリコプターを運用するのにフィン・スタビライザーを装備していなかったり、陸上自衛隊部隊を運んで行くのに医療設備が貧弱であったりなど、驚くほどおそまつだったことになる。それでも、「実戦投入」の結果として得られた教訓から、予想され

海上自衛隊の掃海・輸送ヘリコプターMCH-101を艦内の格納庫に収容するには、7メートル近い天井高が必要になる（写真はMCH-101の基になったEH-101を格納庫に収容する英海軍のインヴィンシブル級軽空母）。
[Agusta Westland]

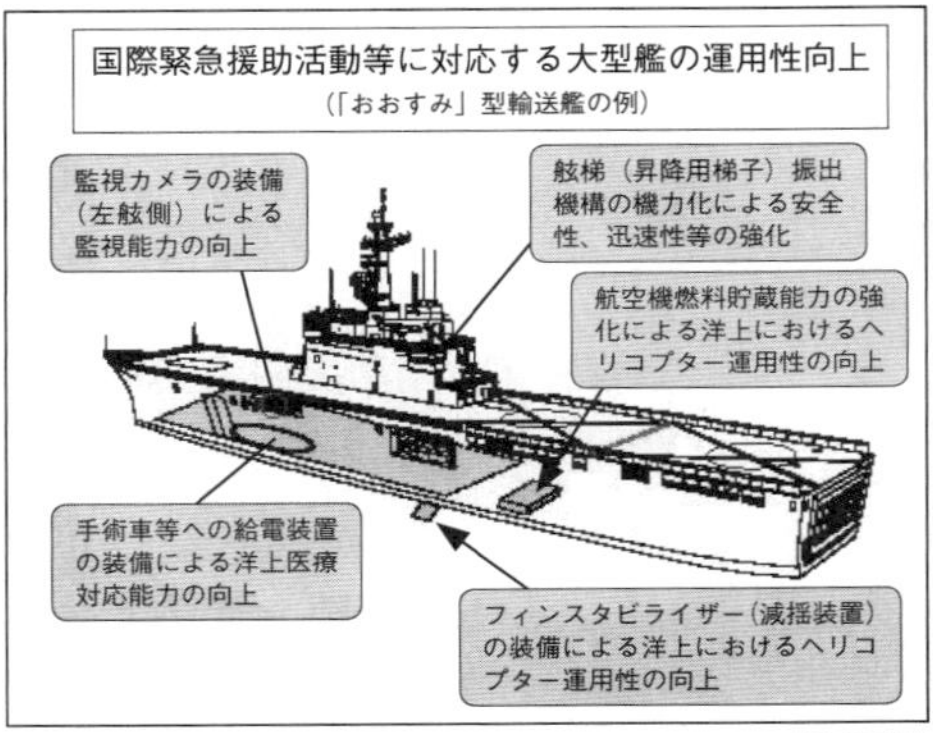

［防衛省］

る任務により適した改造が行われるのは、遅くなったとはいえ、結構なことである。

しかし、「おおすみ」型は多目的艦とは呼べても、とても空母と呼べるほどの航空機運用能力はない。

冷戦後に実用性が高まった多目的艦

ＬＨＤやＬＰＤのような艦種は在来型の水陸両用作戦の他に、災害救難支援活動にも非常に有効である。現在では、そして今後も、第二次世界大戦で見られたような敵前上陸作戦という運用状況はあまり想定できず、海から軍隊や救難支援部隊を送り込む任務が主流になってくると考えられている。それは、陸上戦闘部隊を送り込めばパワープロジェクションに他ならないが、軍隊の能力はまた人道支援活動にも有用である事実は、多くの機会に実証されている。インド洋津波災害の救難支援活動には、米海軍がワスプ級多目的ヘリコプター強襲揚陸艦（ＬＨＤ）「ボノム・リシャール」（四万三五八トン）を派遣したのをはじめとして、スペインがＬＰＤの「ガリシア」（一万三八一五トン）を、マレーシアが多目的輸送艦（ロジスティクス支援艦）の「スリ・インデラ・サクティ」（四三〇〇トン）と「マハワングサ」（四九〇〇トン）を、シンガポールがＬＰＤの「エンデュランス」と「パーシステンス」（八五〇〇トン）を送って、その物資・人員輸送能力やヘリコプター発着能力、指揮司令部としての通信統制機能を遺憾なく発揮した。また二〇〇六年夏のイスラエルによるレバノン侵攻作戦時には、フランスが民間人避難救出のために、同年の初めに完成したばかりの（正式な竣工はその年の一二月）多目的ヘリコプター・ドック型揚陸艦（ＬＨＤＭ：フランス語の艦種名は「兵力投入及び指揮艦」で、頭文字を取ってＢＰＣと略記される）「ミストラル」（二万一六〇〇トン）をレバノンに派遣した。

2007年夏のレバノン政情不安に際して、フランスは完成直後のミストラル級BPC（写真上は同級の2隻）を派遣し、フランス人の救出を行った（下）。　［DCN］［Fr MoD］

　スペインのファン・カルロスＩ級は一般にＬＨＤに分類されているが、スペイン海軍の艦種用語では「戦

スペイン海軍の戦略兵力投入艦（BPE）ファン・カルロスI級は、オーストラリア海軍の多目的艦計画（図）にも採用された。 [Navantia]

略兵力投入艦（ＢＰＥ）」という。満載排水量二万七七九〇トン、全長二三〇・八メートルという大型で、全通型の飛行甲板の先端部（艦首部）は一二度に上を向いたスキージャンプ台とされ、スペイン海軍が保有する小型空母「プリンシペ・デ・アストゥリアス」（一万七一八八トン）に搭載されているＡＶ-８ＢハリアーⅡプラスＳＴＯＶＬ型戦闘攻撃機の運用もできるように配慮されている。飛行甲板にはＮＨ-90クラスの中型ヘリコプター六機を同時に発着させられるスポットがあり、二基の航空機用エレベーターも備えている。一〇〇〇平方メートルの床面積を持つ格納庫甲板に加えて、その下に二〇〇〇平方メートルの車両・貨物甲板がある。ヘリコプターはＮＨ-90なら三二機、ＣＨ-47なら一二機を収容できる。ＣＨ-47は飛行甲板で四機の同時発着が可能であり、後部飛行甲板の発着スポットからは、より大型のＶ-22オスプリ・チルトローター型垂直離着陸機の運用もできるように配慮されている。格納庫甲板にはレオパルト２クラスの主力戦車四六輛、二〇フィート型コンテナ一四四本などが収容できる。長さ六九・三メートル、幅一六メートルのウエル・デッキにはＬＣＭ四隻かＬＣＡＣ一隻の収容ができ、艦固有の乗員二四三人に加えて、司令部要員一〇三人、航空要員一七二人、揚陸艇乗員二三人、地上戦闘部隊九〇二人を収容できる居住施設を持ち、病室六室やＩＣＵ（集中治療室）、手術設備など医療設備も完備している。

　オランダのロイヤル・シェルデ社が建造したＬＰＤ「ロッテルダム」（一万二七五〇トン）は非常に成功した設計で、それを基におよそ二〇種類の大きさや仕様が異なる多目的艦「エンフォーサー・シリーズ」が開発されて、世界に売り込まれている。オランダ海軍は「ロッテルダム」に続いて、一回り大きくした「ヤン・デ・ヴィット」（一万六六八〇トン）を建造し、英海軍はエンフォーサー・シリーズの設計を基にした「ベイ」級ＬＳＤ（一万六一六〇トン）四隻を建造、ニュージーランド

オランダのロイヤル・シェルデ社が建造したロッテルダム級LPD（上）は非常に成功した設計で、各種の派生型「エンフォーサー・シリーズ」（下）は世界の海軍で採用されている。
［RNN］［Royal Schelde］

1番艦「崑崙山」が2008年に完成した中国海軍の玉昭級LPDは、細長い船体とステルス性を重視した設計を持つ、世界のこの種の艦の中では異例の存在である。
[Internet]

はエンフォーサー・シリーズの中で比較的小型の設計を基にした多目的艦（ＡＫＲＨ）「カンタベリー」（八八七〇トン）をオランダに発注した（二〇〇七年に完成）。またポルトガルはエンフォーサーの設計を基にした一万五〇〇〇トン型ＬＰＤ（ＮＰＬ）の建造に二〇一〇年から着手する。エンフォーサーはベルギーも一度採用したが、財政上の問題から中止になった。代わりに二〇〇八年中期現在、ドイツのティッセン・クルップ社によるＭＨＤ１５０型の採用が検討されている。

　エンフォーサー型に似た設計のＬＰＤは中国も建造している。玉昭級（ユーザオ）（タイプ０７１）と呼ばれ、一番艦「崑崙山」（クンルン・シャン）は二〇〇六年一二月に進水し、二〇〇八年に完成した。排水量は一万七六〇〇トン～二万トン、長さ二一〇メートルのＬＰＤとしては比較的大型で、しかも全幅は二七メートルしかなく、縦横比七・八という細長い船体を持っている。これはイージス護衛艦「こんごう」型とほぼ同じ値で、そこから高速性能が予想されるが、最高速力は二〇ノットと伝える情報があるものの、実際の数値は二〇〇八年中期現在ではまだわからない。主機はディーゼル四基、二軸と推測されている。さらに注目すべきはその外観で、フランスのラファイエット級フリゲートのような非常にステルス性に優れる設計をしている。上部構造物も「ロッテルダム」などに比べるとずっと背が低く、側面が船体と一体化され、さらに内側に傾けたレーダー電波に捉えられ難い形になっている。この基本的な設計に加えて、例えば外板や上部構造物に電波吸収材を貼るなどのステルス性を高める工夫がされているのかはわからない。それはどんな水上艦でも高いステルス性を持つに越したことはないのだが、ＬＰＤのような艦種で、ある程度、艦内容積の減少を忍んでもステルス性を重視する理由や目的はよくわからない。

船体内部には全長の三分の二に達するウエル・デッキを持つと推測され、そうならホバークラフト型揚陸艇二～四隻を収容できるだろう。乗員一二〇人に加えて、四〇〇～八〇〇人の兵士を乗せられる。後部船体には広いヘリコプター甲板があり、Ｚ‐８大型輸送ヘリコプター（フランス製シュペル・フルロンのコピー型）二機を収容できる格納庫も有している。これがジェーン軍艦年鑑が、同艦をＬＨＤに分類している理由になっていると思われる。

インドネシア海軍のタンジュン・ダルペレ級LPDは「多目的病院船」の名称で韓国のデ・ソン造船所で建造された。2004年にさらに4隻の同型が発注されている。
[Dao Sun Shipbuilding]

二〇〇三年に完成したインドネシアの「タンジュン・ダルペレ」（一万一四〇〇トン）はエンフォーサー・シリーズに似た設計だが、韓国のデ・ソン造船所の建造（二〇〇三年九月に完成）で、当初は「多目的病院船」という艦種名称で発表された。実際は病院船に限定されない各種の用途に使用され、その中にはＥＥＺ（排他的経済水域）監視活動や指揮統制艦の任務も含まれる。ウエル・ドックの中にはＬＣＵ-23Ｍ揚陸艇二隻を収容できる。二〇〇四年一二月に、さらに四隻の追加発注が行われ、そのうちの一隻は指揮統制施設を充実させているとされる。インドネシアは一九八〇年代初期にも韓国から、ヘリコプター搭載能力を持つＬＳＴ六隻（三七五〇トン、三隻はシュペル・ピューマ中型輸送ヘリコプター三機の搭載が可能）を調達している。

その韓国は二〇〇七年七月に満載排水量一万八八〇〇トンのＬＰＤ「ドクド（独島）」（全長二〇〇メートル）を就役させた。基準排水量は一万三〇〇〇トンと

韓国海軍のLPD「ドクド（独島）」（図の左の艦）は1万8800トン、全通型ヘリコプター甲板と大きな車輌格納庫、ウエル・デッキを持ち、充実した指揮司令部施設で駆逐艦やフリゲート、潜水艦などと共に形成するパワープロジェクション部隊の中心となる。
[RoK Navy]

いうから、二〇〇九年三月に完成予定の海上自衛隊のヘリコプター護衛艦（DDH）「ひゅうが」（基準排水量一万三五〇〇トン、満載排水量一万八〇〇〇トン、全長一九七メートル）とほぼ同じ大きさである。外観も非常に似ていて、いわゆる「シロウト目」には区別がつきにくい。

しかし、「ドクド」は船体内にウエル・デッキを持ち、二隻のホバークラフト型揚陸艇や、在来型（排水量型）揚陸艇を収容し、車輌甲板には戦車を最大七〇輌、ないしはLVTP-7型水陸両用装甲車七輌と戦車一〇輌など、合計二〇〇輌を搭載できる。乗員は三〇〇人だが（四〇〇人とする情報もあり、それはおそらく司令部要員を含めての数値であろう）、最大七〇〇人の完全装備の兵士も乗艦させられる。全通式の飛行甲板を持ち、車輌甲板（格納庫）にはCH-60クラスの汎用ヘリコプターなら（車輌の代わりに）一〇機を収容できる。一〇トン級の中型ヘリコプター（ＣＨ‐60は九・九トン）を最大一五機運用できるという情報もあるが、この数は飛行甲板での繋留分も含めたものかもしれない。航空機用エレベーターの数は二基で、飛行甲板のヘリコプター発着スポットは五カ所にある。この「ドクド」級の設計は、マレーシアの多目的艦計画にも売り込まれている。

　韓国には二〇〇八年中期現在、ＡＶ‐８ＢハリアーⅡ（すでに生産は終了）はもとより、Ｆ‐35のＳＴＯＶＬ型（Ｆ‐35Ｂ）を導入する具体的な計画はない。しかし、韓国海軍・海兵隊は「ドクド」級ＬＰＤを中心に、ＫＤＸ‐Ⅲ級（世宗大王（セジョンデワン）級）イージス駆逐艦、ＫＤＸ‐Ⅱ級駆逐艦、タイプ２１４潜水艦を中心としたタスクフォース、ないしは「パワープロジェクション」艦隊（スコードロン）を編成し、「水平線の向こうの地への強襲作戦」を実施できる能力を持つと共に、国際平和維持活動や災害救助・人道支援活動にも緊急派遣できる態勢を整えることを意図しているとも伝えられる。「ドクド」級は（二〇〇八年中期時点で）二番艦「マラド（馬羅島）」が二〇一〇年の完成予定で建造中であり、さらに二〇一五年には三隻目が完成する。韓国海軍は満載排水量四二七八トンの「アリゲーター」級と通称されるＬＳＴ四隻を保有しているが（さらに第二次世界大戦中に米国で建造されたＬＳＴ二隻があるが、老朽化により実用性はきわめて低いと考えられる）、二〇一四～一七年にかけて四五〇〇トン級ＬＳＴ四隻も建造する計画で（ＬＳＴ‐Ⅱ計画）、これらが完成すると、二〇〇八年中期時点で「おおすみ」型輸送艦三隻、基準排水量四二〇〜五九〇の小型輸送艇（揚陸艇）四隻しかなく、大型輸送艦の建造計画も具体化していない海上自衛隊のパワープロジェクション能力よりも、遥かに大きな力を持つようになる。

「ひゅうが」型ＤＤＨと本格的空母保有の道

その海上自衛隊の「ひゅうが」型ＤＤＨを世界は、日本がかねてより、保有を意図しているのではないかと推測され、また実際そうした保有計画もあった「空母」への第一歩ではないかと考える。「ひゅうが」型は指揮通信施設を充実させ、艦内に多用途に使える区画を多く持つ設計である。つまり従来のヘリコプター護衛艦（ＤＤＨ）よりも一歩、多用途性を進めた多目的艦としていると説明されるのだが、船体内にウエル・デッキを持たない点から、「おおすみ」型輸送艦や「ドクド」級ＬＰＤに比べると、車輌や物資の輸送能力はかなり小さいと言わざるを得ない。「ひゅうが」型ＤＤＨだけで多目的艦としての役割を果たせようとさせる場合、揚陸艇を持たない点が運用上の制約になる可能性もある。また「ひゅうが」型は三〇ノットの最大速力を発揮できるが、「おおすみ」型の最大速力は二二ノットでしかない。遠隔の地に急行する場合には、「ひゅうが」型といえども（艦隊）補給艦の随伴を必要とするから、それほど高速では進出できないが、前述のように、「ま

海上自衛隊の新型ヘリコプター護衛艦DDH「ひゅうが」型は韓国の「ドクド」級よりも武装が強力で、多目的艦というより、ヘリコプター軽空母としての性格が強い。
［防衛省］

しゅう」型補給艦は最大二四ノットを発揮できるので、「おおすみ」型は付いていけない。このあたりの海上自衛隊の運用構想がどのようになっていて、どうしてこのような各艦種の最大速力が決められたのかはわからない。

「ひゅうが」型のヘリコプター搭載数は、基本的なものとしてSH-60K（対潜）多目的ヘリコプター三機、MCH-101掃海・輸送ヘリコプター一機とされているが、当然、対潜作戦重視型や対水上戦闘重視型、あるいは掃海重視、輸送重視といった各種のヘリコプターの組み合わせが可能だろう。ヘリコプター甲板には四カ所に発着スポットがあり、一番後ろのスポットが大型ヘリコプター用らしい。二基の航空機用エレベーターがあり、格納庫にはSH-60汎用ヘリコプターなら八機、MCH-101なら四機を収容できるとされる。

乗員は三二二人と、同程度の大きさの多目的艦に比べるとやや多いが、元来が多目的艦ではなく、その用途にも一部使えるヘリコプター護衛艦（駆逐艦：DDH）として設計されているのだから、一般的な多目的艦よりも乗員数が多くなったのは当然かもしれない。

ここで、はたして「ひゅうが」型DDHは「はるな」型DDHの後継として、その設計・運用思想を引き継ぐ「戦闘的」な任務を主とするものにすべきであったか、それとも、より多種の任務に投入でき、かつ運用経費も低く抑えられる設計の多目的艦とすべきであったか、という疑問が生じる。

「ひゅうが」型は「はるな」型の後継として計画され、冷戦当時に発想された一隻のDDH、二隻のDDG（広域対空防衛用ミサイル護衛艦）、五隻の汎用護衛艦（DD）で構成される護衛隊群の中核となるはずであった。その護衛隊群は二〇〇八年度からDDH一隻、DDG一隻、DD二隻で構成されるDDHグループと、DDG一隻にDD三隻のDDGグループの二種護衛隊編制に改編された。DDHは前者の中心となるもので、依然として「ミニ空母打撃群」編制・運用構想である。したがってDDHは「戦闘グループ」の中心として、自らが強力な合成開口型対空警戒レーダー（FCS-3改）や大型のソナー（OSS-21）、ASROC対潜ロケット（魚雷をロケットで目標がいる海面近くまで迅速に運搬する対潜システム）の垂直発射機（VLS）などを搭載している。近距離対空防衛用のESSM（シースパロー艦対空ミサイルの改良型）や二〇ミリCIWS（近接防御システム）対艦ミサイル防御機関砲などは、自艦防衛用として多目的艦が装備していても不思議ではないが、FCS-3やOSS-21、VLSのASROCなどは一般的な多目的艦の兵装の範囲を超える、ずっと戦闘的な武装と言えよう。当然、建造費も高く、一一六四億円（一番艦「ひゅうが」の場合）もする。こうした「重武装」を持たなければ、建造費は三分の二以下で済んだはずであるし、運用経費も安くなる。DDHグループ「戦闘部隊」の中核となる場合でも、DDGやDDが一緒に行動するのだから、DDHが自分で長距離捜索レーダーや大型ソナー、対潜攻撃武装を持つ必要性はあまり感じられない。

「ひゅうが」型は二〇〇六年度予算で二番艦の建造が承認され、二〇〇八年に起工、二〇一一年に竣工する。護衛艦隊の編制が四個護衛隊群の態勢を維持するなら、早晩、さらに二隻のDDHが必要になる。二〇〇八年中期時点では、まだ次の二隻の建造計画は具体化していないが、従来の方式を踏襲するなら、「ひゅうが」型を基本として若干改良した設計になるのだろう。しかし、単に多用途区画を増やすとか、指揮統制施設の充実などの目的で五〇〇〜一〇〇〇トン程度大きくするのではなく、大幅な設計変更で世界の多目的艦に相当するような型にするという方法もあるだろう。

「ひゅうが」型もその外形から、日本が空母を持つ先駆けとする見方も少なくない。韓国の「ドクド」級のように、「ひゅうが」も飛行甲板前端部に対艦ミサイル防衛用の機関砲（二〇ミリのCIWS）を装備していて、飛行甲板を滑走させてAV-8BハリアーIIのようなＳＴＯＶＬ機を発進させる意図はないように見えるが、ＣＩＷＳは簡単に撤去できるし、スキージャンプ型滑走路を飛行甲板前端に取りつけるのは、そう大変な工事ではない。ただし、それを行うには、ジャンプ台の最適な角度や構造など、陸上で実機を使っての実験が必要となる。ＳＴＯＶＬ機を持たない海上自衛隊や航空自衛隊では、スキージャンプ台をどのような設計にしたらよいか、他の国の空母の例を見て「適当に」設計するか、あるいは、既にその実績を持つイギリス、スペイン、インドなどに教えを請うしかない。もっとも米海軍はスキージャンプ台を使わずに「タラワ」級ＬＨＡと「ワスプ」級ＬＨＤからＡＶ-８Ｂを運用しているので、何もスキージャンプ台がなければならない、というものでもない。スキージャンプ発進方式を用いれば、水平な甲板を滑走して発艦するよりも、三〇パーセント程度ペイロード（有効搭載量）が増大するというだけの話である。

ＡＶ-８Ｂやそのイギリス型のハリアーＧＲ７は既に生産を終了しているので、これから海上自衛隊にせよ航空自衛隊にせよ、ＳＴＯＶＬ型固定翼（戦闘・攻撃機）を持とうとするなら、米国をはじめとして九カ国が共同開発しているＦ-35ＪＳＦ（ライトニングⅡ）のＳＴＯＶＬ型であるＦ-35Ｂを導入するというのが、唯一の現実的方法である。

そのＦ-35の運用を、海上自衛隊、航空自衛隊のどちらが行うかという問題も起こってくる。昔からの考えなら、「海の上は海軍でなければ」という点から、海上自衛隊が戦闘

イギリス海軍のインヴィンシブル級空母で空軍のハリアーⅡ戦闘攻撃機を運用する方式が実現しているが、航空自衛隊が次期戦闘機としてF-35B（図）を採用するなら、海上自衛隊のDDHから運用する方式が考えられないこともない。
［Royal Navy］

攻撃機部隊を保有するという話になるのだろうが（そのためには、防衛計画の大綱を変える必要がある）、そんな海空の区分にこだわる考えを持つ軍隊は、現在では少数派になった。イギリスは海軍が使用していたシーハリアー型の運用をやめ、「統合ハリアー部隊」として、ハリアーⅡＶＳＴＯＬ戦闘攻撃機を空軍型のＧＲ-７／９型に統一して、アフガニスタン戦線にも送れば、海軍の「インヴィンシブル」級ＳＴＯＶＬ軽空母にも搭載している。米海兵隊は組織上は海軍に属するが、基本的には陸上作戦部隊、あるいは水陸両用作戦部隊で、その航空機は陸上基地からも、空母や多目的強襲揚陸艦からも運用される。

「ひゅうが」型、あるいはその派生型ＤＤＨにＦ-35Ｂを搭載するのは、甲板強度や格納庫の天井高から見て問題はないと思われる。飛行甲板表面に耐熱コーティング（セメント状の物質を塗布）をするのは難しい話ではない。何機のF-35Bを搭載できるかは、他に搭載するヘリコプターの種類と数、つまりその時のDDHの任務によって変化するが、最大でも六～八機程度だろう。

日本が本格的パワープロジェクション能力を持とうとするなら、最少限イタリアの「カブール」級程度の大きさ、航空機の運用効率を考えるなら英海軍の「クイーン・エリザベス」級の大きさが必要となる。しかし、それを実現するためには、

①財政問題（防衛費と、建造後の長期にわたる運用経費の見積り）への配慮、

②日本がこの種の本格的空母を持つことに対して、世界の懸念を招かないような、しっかりとした外交政策、

この二つが必要になる。

第5章

宇宙戦・サイバー戦能力

進む宇宙の軍事利用と自ら宇宙空間の利用を制限した日本

今日、日常生活における宇宙空間の利用（そのほとんどは人工衛星だが）の重要性や必要性に関して疑問を持つ人はいないだろう。当然、安全保障・軍事（安全保障上の目的には、偵察衛星のように軍事だけに限定されない用途もある）においても、宇宙空間の利用は不可欠となっている。実際、宇宙空間の利用は多くの場合、「科学探査」の名の背後に隠されながら、安全保障・軍事目的から始まり、進歩してきた。

二〇〇八年中期時点で地球周回軌道上にある人工衛星のうち、使われている衛星はおよそ八〇〇基で、その半分が米国の衛星である。さらに米国の人工衛星の三分の一、世界の人工衛星の六分の一が安全保障・軍事関係専用である。この米国の宇宙利用（人工衛星の利用数）の規模は世界で群を抜くものであり、冷戦時代は米国と覇を競い、数では米国を上回ったこともあるソ連でも、ロシアとなった今では米国に遠く及ばない。

しかし、日本ではどのくらいの数の安全保障・軍事（防衛）関係の専用衛星が使われているかというと、「情報収集衛星（ＩＧＳ）」という、世界で一般的には「偵察衛星」と呼ばれる衛星だけで、その数は二〇〇八年中期時点で実用可能型四基（光学画像撮影型三基、合成開口レーダーを使うレーダー画像撮影型一基）である。防衛省・自衛隊は、航空作戦をはじめとする軍事作戦に不可欠な精密気象観測衛星（高度およそ八〇〇～一〇〇〇キロの比較的低い軌道を周回しながら、軍事作戦を行う地域の気象観測と正確な予測を行うもので、高度三万五八〇〇キロの静止軌道から地球全体を見渡して、雲の動きを大まかに捉える民生用の気象観測衛星とは全く異なる）も持たず、第1章で述べたように、眼前に弾道ミサイルの脅威が存在しているのに、その発射を探知する早期警戒衛星もなく、航法衛星は米国防総省が運用する（したがって、米国の軍事作戦の都合から、測位精度が落とされたり、測位のための信号発信が停止されたりする可能性がある）ＧＰＳシステムの衛星だけに頼り、ネットワーク中心の戦い（ＮＣＷ）に不可欠の通信衛星すら、自衛隊専用のものは持たずに、民間の通信衛星、それもほとんどが米国製衛星のトランスポンダ（送受信機）を借りてやりくりしているという状態である。

もっとも、通信衛星を民間型に依存しているのは日本だけではなく、衛星通信を使っている世界の多くの国の政府（軍）も民間の通信衛星を利用している。米国ですら、国防総省、米軍関係の衛星通信の八〇パーセント以上、ロジスティクス関係の通信になると九〇パーセント以上を民間通信衛星に頼っている。民間の通信衛星を利用しないと国防総省や軍が必要とする大量の情報伝達に対応できないためであるが、通信内容（情報）自体に暗号をかけるので、民間の衛星を使用しても、基本的には（暗号が破られない限り）支障はない。暗号が破られても、国家安全保障や軍の作戦上それほど重要ではない情報であるな

多数の専用通信衛星を持つ米軍でも、衛星通信の80％は民間の衛星を利用している。軍の専用衛星だけではとても情報量をさばききれないからである。［USAF］

ら、それによる支障はそう大きくない。ロジスティクス関係通信の多くが民間通信衛星を利用している理由である。また民間の通信衛星といっても、多国籍企業によって運用されているものが多く、米国企業だけの衛星という場合は少ないから、他の国から衛星の機能を妨害されたり破壊されたりする可能性は少ない。そのようなことをすれば、その衛星を利用している無関係の他の国にまで影響が及び、攻撃する側が非難されてしまうからである（ただし、テロ行為となると、このような外交的配慮や抑止力は機能しない）。

それでも作戦命令や、前出の偵察衛星の画像のような重要で秘密度の高い情報は、やはり自前の（政府、あるいは軍の）専用通信衛星を使うというのが常識だろう。しかし、日本ではそのような政府専用、防衛省・自衛隊専用の通信衛星がない。

これには二つの理由がある。

一つは日本が自ら課した「宇宙の平和利用」の狭義的解釈によるもの、もう一つは日本が米国に譲歩した結果として、国産実用型通信衛星が造れなくなってしまった点である。「宇宙の平和利用」は一九六九年、宇宙開発事業団（ＮＡＳＤＡ、二〇〇三年に宇宙科学研究所と航空宇宙技術研究所と統合した独立行政法人の宇宙航空研究開発機構＝ＪＡＸＡとなった）の設置に当たり、日本自身による宇宙の軍事的利用を警戒（自制）する「宇宙平和利用決議」を衆参両議院で決議したところによる（衆議院は本会議における「わが国における宇宙の開発及び利用の基本に関する決議」、参議院は科学技術振興対策特別委員会の「宇宙開発事業団法案に対する附帯決議」）。

これらの決議は、一九六二年に国連の第一七回総会で決議された（第一八〇二号）「宇宙の平和利用に関する決議」と、一九六七年に発効した「宇宙条約（月その他の天体を含む宇宙空間の探査及び利用における国家活動を律する原則に関する条約）」を受け、それを基にした内容である。しかし、国連決議が「侵略的な宇宙空間の利用」を禁じ、「宇宙条約」が「核兵器及び他の種類の大量破壊兵器を運ぶ物体を地球を回る軌道上に乗せないこと、これらの兵器を天体に設置しないこと並びに他のいかなる方法によってもこれらの兵器を宇宙空間に配置しないこと」と、大量破壊兵器の配備と設置のみを禁じているのに対して、日本の国会決議は宇宙空間の利用を「非軍事的」に限定するという、より厳格なもので、事実上、防衛庁（当時）や自衛隊の宇宙空間の利用を禁じてしまった。自衛隊が通信衛星を利用できるようになったのは、一九八五年に、「利用が一般化している、及びそれと同機能の衛星は自衛隊が利用しても、決議の『平和の目的』に反しない」という政府見解が出されてからである。ここで初めて自衛隊（最初の利用は海上自衛隊）は、米軍通信衛星の受信装置を装備できるようになった。

この「一般化原則」はその後、二〇〇八年中期時点に至るも効力を持ち、後述する政府の情報収集衛星の分解能が一メートルとされているのは、民間の画像衛星の分解能がおおよそこの程度であるからだという。ただし、二〇〇八年中期時点では、民間の画像衛星の分解能は五〇センチよりも高いものとなり、二五センチの衛星も実用化が近い。もっとも、日本が独力で一メートルを上回る分解能の画像衛星（情報収集衛星）を開発製造できるかというと、それはまた別の話である。一メ

2006年以降には民間の画像衛星も分解能が70cmを上回るものとなり、日本の情報収集衛星の1mの分解能という自制も意味がなくなっている（写真は2006年4月にイスラエルが打ち上げた分解能70cmのEROS-B画像衛星と、撮影したシリアのタバカ・ダムの映像）。 ［Imagesat International］

ートルの衛星ですら、当初は自力で開発できると豪語したにもかかわらず、いざ開発となると肝心な部分で技術のノウハウがなく、米国に部品の提供、技術支援を仰がねばならなかった。二〇〇九年に打ち上げが予定されている光学画像撮影型情報収集衛星は、分解能が四〇センチになるといわれる。

早期警戒衛星や盗聴衛星、低軌道を周回する気象衛星などは「一般的ではない」から、日本は安全保障や自衛隊用の衛星を打ち上げることはできなかった。北朝鮮の弾道ミサイルの脅威に直面していながら、自前の（弾道ミサイル発射）早期警戒衛星を持てないのは、技術的な能力の問題は別としても、この国会決議の解釈が障害となってきた。

この「技術的能力の問題」の原因となっているのが、もう一つの理由である。日本は一九八〇年代の日米貿易摩擦で米国から市場開放を迫られたが、米国は一九八九年、包括的貿易法である「スーパー３０１条」を盾に、日本に林産物、スーパー・コンピュータ、そして人工衛星の市場開放を要求した。これらを日本が法的に保護するのを止めて、広く国際競争（入札）に開放せよというものである。日本政府は一九九〇年に至り、政府の衛星調達は技術開発用に限り、放送衛星や通信衛星のような「実用型衛星」は国際入札に開放することを承諾してしまった。こうなると当然、多くの実用衛星を開発、製造してきた国の型が有利である。日本の放送衛星、通信衛星、気象衛星などは米国製に席巻されてきた。

日本の放送・通信事業会社が運用する初の国産通信衛星が打ち上げられたのは、やっと二〇〇八年八月一五日のことである（スーパーバード7号）。

それは当然国産の打ち上げロケット開発にも影響を及ぼし、二〇〇八年中期に至るも、国産の打ち上げロケットを持ちながら、その発射回数が極端に少なく、信頼性の確立が遅れ、さらには商業用打ち上げ実績が伸びないという、日本宇宙開発能力の停滞を招く結果となっている。前述のスーパーバード7号の打ち上げも、欧州のアリアン・スペース社のロケットを使って打ち上げられた。

宇宙基本法と国民生活の向上、安全保障

こうした状況を招いた背景には、前出の「宇宙の平和利用」に関する厳格な、ないしは幅狭い解釈と、それを放置してきた宇宙政策の貧困とがある。

この宇宙政策の見直しに着手されたのはようやく二一世紀に入ってからで、自民党が「宇宙基本法」案を通常国会に提出したのは二〇〇七年であった。この自民党案では「宇宙の平和的利用」として、「宇宙開発は『宇宙条約』その他の国際約束の定めるところに従い、日本国憲法の平和主義の理念にのっとり、行われるものと」され、また「国民生活の向上等」として、「国際社会の平和及び安全の確保並びに我が国の安全保障に資するよう行わ

れなければならない」と、安全保障分野への、より広い利用に道を拓く内容となっている。

この通常国会では自民党の「宇宙基本法」案は継続審議となってしまったが、二〇〇八年に入ると民主党も独自の宇宙基本法案をまとめた。それによると「宇宙開発は憲法の平和主義の理念を基調とし、宇宙条約等の宇宙開発に関する条約その他の定めるところに従い、行う」と、「宇宙条約」に反しない限り、宇宙の安全保障や軍事的な利用を可能にしている。民主党案は細部で自民党案と若干の差はあるものの、大筋では同じ方向性を持つものであるため、自民党と公明党の与党と民主党が協議した結果、二つの法案の一体化を行い、同年四月、議員立法で国会に共同提出することになり、五月二一日に「宇宙基本法」として成立した。これを受けて政府は、二〇〇八年八月五日、内閣官房に宇宙開発戦略本部事務局設立準備室を設置した（宇宙基本法の施行は同年八月二七日で、この日以後は宇宙開発戦略本部事務局となる）。

しかし、宇宙基本法は成立したが、それでただちに「国民生活の向上」や「我が国の安全保障に資する」ような宇宙空間の利用ができるかというと、話は別である。

すでに実用化されている情報収集衛星に、「国民生活の向上」という目的には「資している」と言えないような例を見る。情報収集衛星はその実現に際して、「テポドン・ショック」に乗じた北朝鮮の弾道ミサイル開発・実験監視という大上段に構えた目的の他に、災害発生時に画像情報を収集して救助や復興支援に充てるという（後から見れば「偽の」）目的も強調され、それゆえ民生にも役に立つから情報収集衛星（偵察衛星という名称が過激すぎるためか、またこのような民生向け情報の収集にも使える点を強調するためか、この名称が考え出された）を打ち上げたいという説明であった。ところがいざ打ち上がると、民生目的に活用されている様子はない。画像の利用は極めて一部の政府関係機関だけに限定されてしまい、自衛隊の部隊にすら、衛星情報が時機を逸せずに、つまり、リアルタイムに近い形で与えられるという体制になっていない。それどころか、インド洋の津波災害に派遣された自衛隊部隊にも、現地の津波被害の状況を日本の情報収集衛星が撮影した映像が渡されることはなく、新潟・上越地方の大震災や大豪雪の時にも、現地がどうなっているのか、どの道路が通れてどれがだめなのかという、人命救助、復旧支援に極めて有力な情報になったはずの分解能一メートルの情報収集衛星による画像が、現地の自治体や消防、警察、自衛隊部隊などに提供されることもなかった。

巨額の税金を投じていながら、これでは何のために情報収集衛星を打ち上げたのかわからないし、このような情報収集衛星（偵察衛星）の使い方は、冷戦時代の米国の（そして、間違いなくソ連も同じ）偵察衛星と同じものである。当時は「偵察衛星」の存在すら米ソ両国共に公には認めず、互いに戦略核兵器の制限条約の遵守を監視する手段としてのみ、

「国家技術手段（ナショナル・テクニカル・ミーンズ）」という漠然とした呼び方でその存在を暗に認めてはいたが、当の核戦争を遂行する役割を担う第一線戦闘部隊にすら、（少なくとも米国では）偵察衛星による目標の写真が与えられることはなかった。さすがにこれは問題となり、冷戦末期には、例えば戦略爆撃機には、各々が指定された攻撃目標の偵察衛星による画像（写真）が命令書と共に配布されるようになったが、それでもまだ、戦術部隊には目標の衛星画像情報は与えられなかった。

この極端な秘密主義は冷戦が終わっても続き、一九九一年の湾岸戦争では、米国の偵察衛星が撮影した目標の攻撃前や攻撃後の（戦果判定に使える）写真が、現場の航空部隊にまで届かないか、届いても数日遅れという状態であった。

「これでは何のために偵察衛星があるのかわからないではないか」という軍や議会の声から、その後、偵察衛星の画像情報（それでもなお、偵察衛星=リコニサンス・サテライトという名称は用い

日本の偵察衛星（情報収集衛星、写真は打ち上げ時の光景）は、冷戦時の米ソの偵察衛星が「国家技術手段」と呼ばれていた時と全く同じように、秘密主義に徹した運用しかされていない。　［JAXA］

衛星画像は災害の救難・復興支援に大きな威力を発揮する。日本の情報収集衛星による津波被害状況を示す画像は、インド洋津波災害救難支援に派遣された自衛隊部隊にすら配布されなかった（写真はインドネシアのバンダ・アチェの津波被害前と被害後の衛星画像）。
［Digital Globe］

られず、航空機を用いた撮影による画像情報も含めて、「頭上からの画像［オーバーヘッド・イミジャリー］」という呼び方をしている）がニア・リアルタイムで前線部隊の司令部や指揮官に届けられる体制が作られ、二〇〇三年のイラク戦争（イラクの自由作戦＝ＯＩＦ）では、この偵察衛星の画像が米英連合軍のイラク政府軍撃破に大きな役割を演じた。

しかるに、日本の情報収集衛星の使い方は、依然として冷戦時の米ソそのものである。民生、つまりは国民の生命財産を守るのが国家・政府の至上任務のはずだが、それが果たされていない。災害状況の把握などに、最高度の分解能は必要ない。五メートル程度の分解能でも十分役割を果たせる。分解能を落とすのは、デジタル画像の現在では極めて簡単な操作で済む。要するに政府は、情報収集衛星の情報を国民の生命財産を守るという目的に使うつもりがない。安全保障を確固とすれば、それで結果的に国民の生命財産の保護になるという理屈かもしれないが、現実に、目の前で土砂崩れに遭い、津波に襲われ、雪で孤絶している国民がいるのに、国家が税金で造り上げた情報収集システムによる情報を出そうとしない。「一度出すと、(メディアから) いくらでも要求されてきりがなくなるから」という理由付けもあるらしいが、一般的に言って国民は日常の生活で、我が国の情報収集衛星が外国のどの場所をどれだけの分解能で撮影しているかなどといった情報などに関心はない。今、国民が苦しんでいるというのに、それを救うために国の持つ手段が活用されていない。さすがにこの「当初の話と違う」現状は問題になり、二〇〇七年二月、レーダー画像衛星の打ち上げ後、情報収集衛星の運用、画像分析を行っている内閣衛星情報センターは、今後は災害発生時にも画像を関係機関に提供することを「検討する」とした。ところが二〇〇八年七月四日、JAXAは陸域観測技術衛星「だいち」の後継として、二〇一二年度と一三年度にレーダー衛星と光学センサー衛星各一基で構成される「災害監視衛星システム」を打ち上げる計画案を、文部科学省の宇宙開発委員会推進部会に報告している。「だいち」がミャンマーのサイクロン被害や岩手・宮城内陸地震の状況把握に大きな威力を発揮した実績を踏まえてのものだが、これで情報収集衛星を、当初の「民生にも活用する」つもりがないのが明確になったとも言えよう。

日本独自の偵察衛星を持つ理由

日本は情報収集衛星を打ち上げる前から、そして現在でも、防衛庁（省）をはじめとして、政府機関は民間（外国）の画像衛星が撮影した画像データを購入してきている。これは日本だけではなく、多くの国でも、また合計九基という世界でも突出した数の偵察衛星を持っている米国の国防総省や情報機関ですら、民間の画像衛星の映像を購入している。米国の世界戦略に必要な画像情報を得るには、偵察衛星だけでは足りないためである。

一九九〇年代末までは、一般に入手できる民間画像衛星の分解能は五～三〇メートルであったが、一九九九年に米国のイコノス画像衛星が打ち上げられると一メートルという、それまでの民間画像衛星と比べて大幅に高い精度の画像が購入できるようになった。その後、いろいろな国からいろいろな型の画像衛星が打ち上げられるようになり、二〇〇八年中期時点では、分解能四一センチという、冷戦時代の米国の偵察衛星に匹敵する高い分解能の映像が購入できるようになりつつある。

したがって、安全保障や軍事のために民間の画像衛星の映像を購入する方式は決して異例なものではないのだが、しょせんは民間の衛星であり、いつでもすぐに目的の場所を撮影してくれるというわけにはいかない。その場所を撮影するために衛星の軌道を変えていたのでは、たちまち衛星が搭載している姿勢制御や軌道維持のための燃料がなくなって、実用寿命が尽きてしまうからである。また民間とはいえ、その属する国の政府の意向や外交方針に逆らってまで画像を売ることはできない。これを「シャッター・コントロール」という。米国の画像衛星は米軍基地の精密な画像を売ってはくれない。イスラエルのＥＲＯＳ画像衛星は軍民共用だが、外国の会社や個人がイスラエルの軍事基地の写真を欲しいといっても、それは無理な相談だろう。

さらに、安全保障・軍事上から民間画像衛星に依存する上で問題なのは、どこを撮影して欲しいかという要求を出せば、その国、例えば発注元が日本の外務省だとすると、日本がどのような外交政策を考えているかが推測されてしまう可能性がある。民間会社とはいえ、米国では発注者の身元に関する情報だけではなく、依頼された撮影対象の撮影許可を国防総省、国務省、国土安全保障省、ＣＩＡ（中央情報局）などの政府機関に（密かに）「お伺い」を立てる。その撮影対象が、衛星画像会社が属する国の外交政策にとって都合の悪い場合には、「技術的問題により」撮影ができないと回答されるか、先手を打たれて、こちらの外交を潰される、ないしは先を越されてしまうという危険もある。こうしたことから、どこを撮影するかを外国に知られたくない場合も多いため、自前の（政府専用の）情報収集衛星を持つのは決して無駄な投資ではない。

だが、その決して安くはない投資最大限活用するには、戦略・外交的な用途だけではなく、軍事上の戦術的用途や民間の安全と幸福のためにも迅速に活用できる態勢になっていなければならない。せっかく、情報収集衛星を打ち上げた我が国だが、国民、納税者から見て、まだその投資に見合うだけの活用がなされていないと言わざるを得ないだろう。

大量送信能力が求められる安全保障・軍事専用衛星

情報収集衛星（偵察衛星）が撮影した画像を迅速に入手するには通信衛星、それも大容量高速通信（ブロードバンド）機能を持つ型の活用が不可欠である。米国は世界の主要地点に偵察衛星からのデータを受信する地上局を設け、そこから通信衛星を使って米本土に送る態勢を整えている（それでも、制度上の制約から、最近までその画像情報を必要とするところに迅速に届かなかったが）。今の日本は外国にこのような地上局を設けることはできないので、情報収集衛星が日本列島近く、見通し内に来た時にデータを降ろすしかない（北海道の苫小牧市、茨城県の行方(なめかた)市、鹿児島県の阿久根市に受信局が設置されている）。そのため画像の入手には撮影後、数時間を待たねばならない。チェルノブイリ原発爆発事

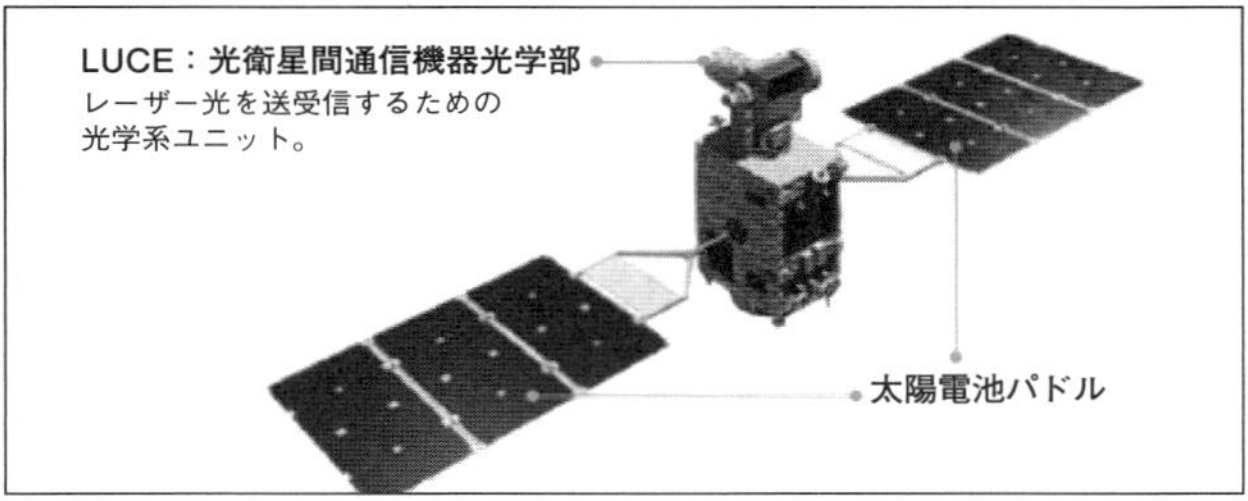

日本のレーザー（光）衛星間通信実験衛星「きらり」（図）は2005年にロシアのロケットで打ち上げられ、欧州のデータ中継衛星との間で双方向通信実験が行われたが、その技術を情報収集衛星のリアルタイム画像送信に利用しようという計画はない。　［JAXA］

故のような非常時には、画像情報の入手は一刻を争う。

それをリアルタイム、ないしはそれに近い形で行うには、通信中継衛星を使えばよい。米国は冷戦時代から、偵察衛星の画像を中継する専用衛星ＴＤＲＳを打ち上げていた。静止軌道に三機を上げておけば全世界をカバーできるが、我が国は前述のように通信衛星は国際競争入札とせねばならないので、このような偵察衛星の画像情報を中継する専用衛星の開発、打ち上げができ難い状況にある。衛星間通信をレーザーで行う光衛星間通信実験衛星（ＯＩＣＥＴＳ）「きらり」が試作され、二〇〇五年にロシアのロケットで打ち上げられた。欧州宇宙機関（ＥＳＡ）の先進型データ中継技術衛星「アルテミス」との間で、レーザー光による双方向衛星間通信実験を行って成功したが、それを情報収集衛星の画像情報のリアルタイム伝達や、日本の通信衛星間で大容量高速通信に応用するといった具体的な計画は、二〇〇八年中期時点ではまだ聞こえてこない。民間の通信衛星自体も、従来のような大型多目的用でいくのか、最近、その利点が注目され始めた小型衛星に向かうのかについても、日本としての方向性が定まっていない。

軍民を問わず、衛星を少数の役割に特化した小型として、打ち上げコストの低減や、迅速な打ち上げを可能にしようというのは世界的な傾向だが、それとは別の話で、安全保障・軍事に専用の、つまり政府や軍が保有し、運用する（イギリスのスカイネット5通信衛星のように、運用は民間に委託している例もある）通信衛星が必要という状況に変化はない。今後、ネットワークを中心とする戦闘方式が普及するにつれて、専用の通信衛星はますます必要になり、その通信容量と速度にもいっそう大きなものが必要となる。

二〇〇七年一〇月、米空軍はそれまでの米軍専用通信衛星の主力を務めてきたＤＳＣＳ衛星の後継として、「ワイドバンド・グローバル・サットコム（ＷＧＳ）」の一号機を太平洋上に打ち上げた。ＤＳＣＳの一〇倍の通信容量を持つＷＧＳ衛星は、二〇〇八年中にさらに二基が打ち上げられて、欧州、中東、中央アジア方面の通信を担当する。ＷＧＳはＤＳＣＳの通信容量の不足を補う目的で一九九〇年代に開発に着手され、ここから当初は「ワイドバンド・ギャップフィラー・サテライト」と呼ばれたが、二〇〇七年一月に現在の名称に変えられた。ボーイング社製の７０２型民間用通信衛星を基に開発され、ＤＳＣＳ衛

米軍では大容量高速通信の需要に応えるために、2007年から2.1～3.6Gbsの送信速度を持つWGS衛星（図）の打ち上げを開始した。　［USAF］

星の重量が一二三〇キロであるのに対して、五五〇〇キロという大型である。情報送信速度も、ＤＳＣＳの最新型が二五〇メガビット／秒なのに、ＷＧＳは二・一～三・六ギガビット／秒もある。このような大容量高速通信が必要になった背景には、画像情報の増大にある。合成開口レーダーや光学偵察・監視・照準装置を搭載した航空機（有人機、無人機）からの映像は非常に大きな情報量があり、これを送信するには、従来の文字情報中心の通信衛星ではとても対応できない。特に無人システム（航空機、車、艦艇）の実用化が拍車をかけている。ＷＧＳはオーストラリアが関心を示して米軍の計画に参入することになり、最終的に六基の衛星が打ち上げられる。合計一八億ドルの計画のうち、衛星一基分の価格を含む七億七〇〇〇万ドルをオーストラリアが負担する。日本でもこのような方式での衛星通信の利用という手段も考えられるはずだが、二〇〇八年中期時点では、まだ具体的な計画はない。これは、宇宙空間の利用の重要性、必要性を本当に理解していない証左と見られても仕方がないだろう。

米のGPSにすべてを頼る日本の衛星測位

そのような宇宙空間利用、宇宙戦の軽視、ないしは無視は、我が国の安全保障・防衛政策の随所に見られる。

一つの例を挙げれば衛星を使った測位システムである。日本ではGPSの呼称で一般にも知られているが、これは「グローバル・ポジショニング・システム」の略で、米国防総省が開発、運用している「ナブスター（NAVSTAR）」という測位用の信号を発する衛星を使って、現在位置、速度（速さと方向）などを測定するシステムを指す。一九九三年に二四基の衛星配備が終わり（その後に予備の衛星も打ち上げられて三一基が軌道上にある）、完全な実用段階に達したが、まだ部分的な実用しかできなかった一九九一年の湾岸戦争の時から、極めて高い有用性が実証された。以後、今日では、GPSの構想誕生当時には想像もされなかった広範囲な使い方が開拓され、軍用よりも、むしろ民間で広く多種の目的に利用されている。今やカーナビをはじめとして、日

GPS（全地球測位システム）は「ナブスター」衛星（図）という測位用信号を発する31基の衛星で構成され、米国防総省が運用を統括している。[Boeing]

常生活に欠くことができない衛星システムとなった。

しかし、ＧＰＳはあくまでも米国防総省が、米軍の軍事作戦のために運用しているシステムである。一九九五年からは、それまで米軍と一部の同盟国軍しか使用できなかった軍専用の高い精度が得られる測位信号も民間に開放されるようになったが、米国、米国防総省、あるいは米軍が「必要と考えるなら」いつでも、その測位可能精度を落としたり（ノイズを混ぜたりして）、信号に暗号をかけて米軍以外には使用できないようにさせられる。窮極的には、特定の場所の上では衛星からの測位信号の発信を停止させるというようなことができる。また、米軍のＧＰＳ依存度が大きいゆえに、敵がＧＰＳ衛星（ナブスター衛星）を物理的に破壊したり、電波やレーザーなどを照射してその機能を停止・阻害させたりする可能性も考えられる。測位精度が落とされても、位置が正確にわかっている地上の固定局から補正電波を発信して精度を高める方法（ディファレンシャルＧＰＳ）も実用化されているが、それもナブスター衛星からの測位信号が得られるという前提の話である。ナブスター衛星からの信号が来ない、あるいはＧＰＳが機能しない場合、それに代わる測位システムをどうするかを考えておかねばならない。

ロランＣという、船舶や航空機の航法に使用してきた航法(測位)支援システムが、ＧＰＳ実用化後も運用が継続されているのはこのためである。しかし、とてもカーナビに使え

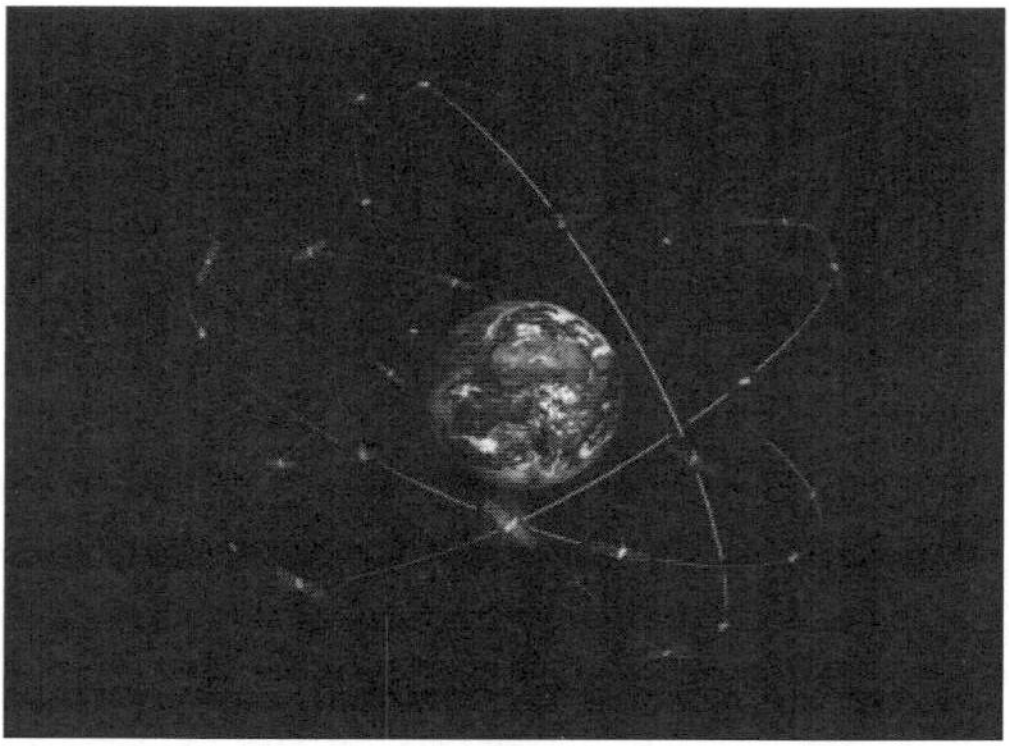

米国の衛星測位システム一極支配を嫌い、また商業的な利潤追求も目的として、欧州諸国は独自の衛星測位システム「ガリレオ」（図）の建設に着手した。［ESA］

るような高精度の測位データは得られない。国内なら携帯電話の中継局を利用して位置を把握するなどの方法もあるが、宇宙空間の利用という観点からは、米国のGPSだけに依存している我が国の姿勢に問題がある。

欧州諸国（EU）は、この米国防総省が運用するGPSへの過度の依存を警戒して、欧州独自に衛星測位システム（ガリレオ）を建設する政策を打ち出した。経費の問題などから計画は遅れているが、二〇〇八年から実用衛星の打ち上げに着手され（それでも二〇〇八年中期時点で、計画はなお流動的）、三〇基の衛星で全地球をカバーする。このガリレオ計画にはインドも一〇億ドル、中国は二〇億ドルを出資して、自国の安全保障にガリレオの測位信号が確実に利用できるように配慮して（戦略を打ち出して）いる。中国はさらに、「北斗（ベイドウ）」という独自の測位衛星システム

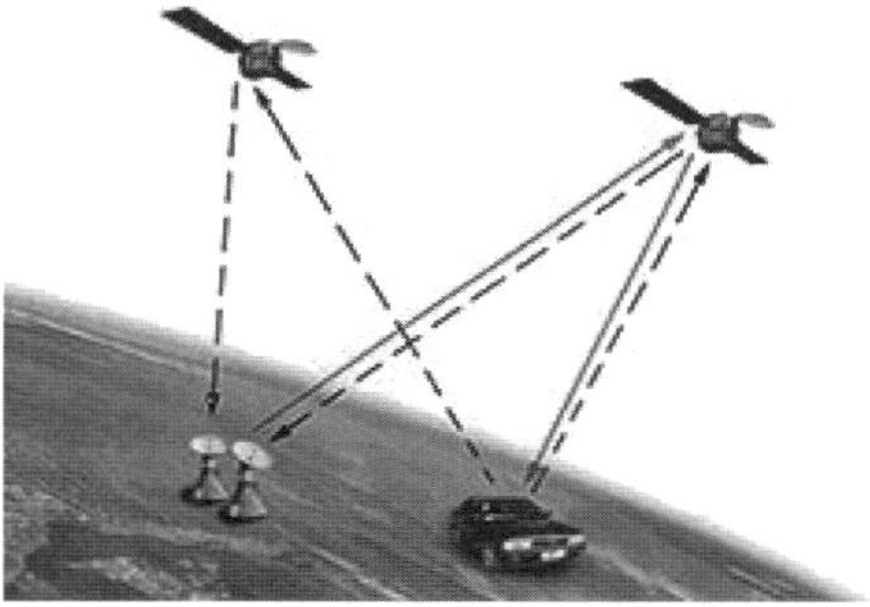

中国は欧州の衛星測位システム「ガリレオ」に資本参加すると共に、独自の衛星測位システム「北斗」（図）の建設計画も進めている。
［CAST］

の建設にも着手し、二〇〇〇年から技術試験衛星の打ち上げを開始した。最終的には静止軌道に五基、周回軌道に三〇基の測位衛星を打ち上げる。

日本では、日本とその周辺地域に限定されるが、しかし、GPSでは測位信号を受信し難いビルの谷間のような場所でも信号が得られるように、常に一基の衛星が日本の直上に来る「準天頂衛星（QZSS）」の開発計画を立てた。当初は三基の衛星を打ち上げる構想であったが、その後、計画は縮小されてしまい、二〇〇八年中期時点では、二〇一〇年に技術実証用の一基を打ち上げるだけだという。準天頂衛星システムが実用化されるなら、地上局と組み合わせて高精度の測位が可能になる。また通信中継目的にも使用でき、静止軌道に打ち上げるのと同じ効果（軌道高度は静止軌道と同じ）が得られる。わずか三基の衛星で済むという点も魅力なのだが、日本はその計画を縮小してしまったどころか、実用化の具体的計画もやめてしまった。

宇宙基本法が成立したが、日本の宇宙政策を根本的に見直して、立て直さない限り、場当たり的で実用性も乏しい宇宙利用しか得られないだろう。

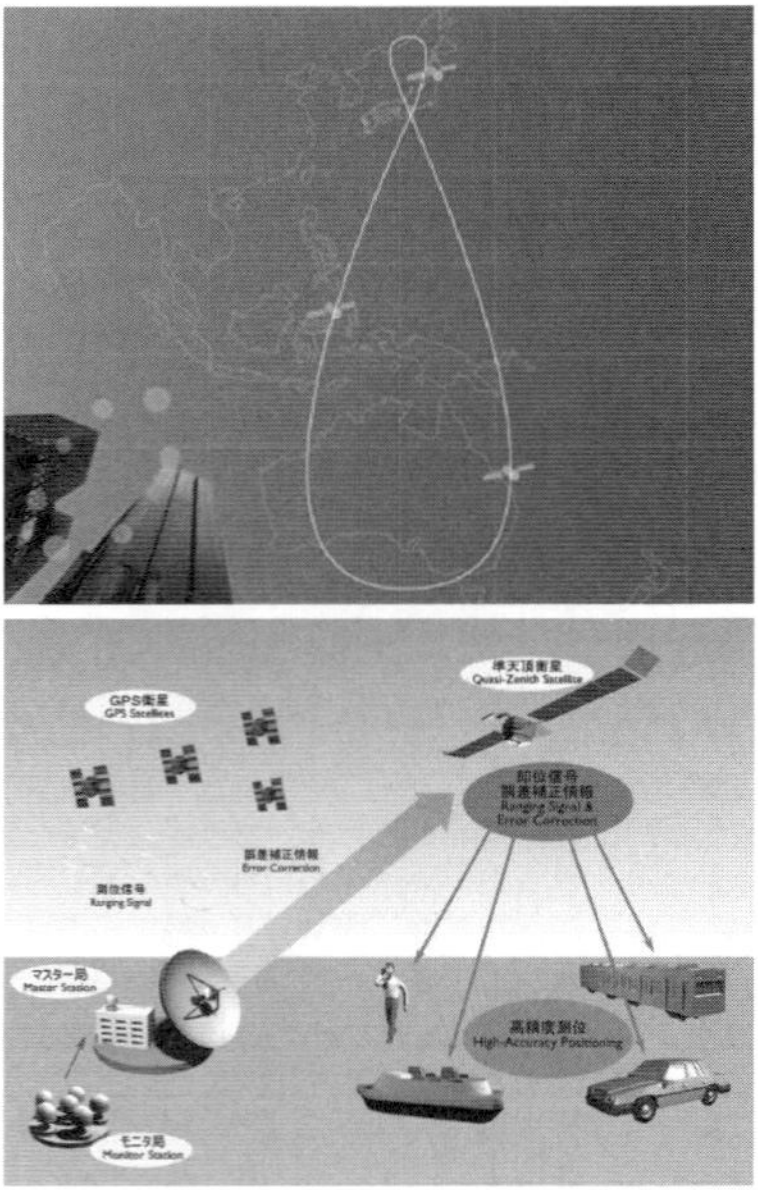

日本は日本列島とその周辺で精密な測位と通信中継を行える準天頂衛星システムの研究を進めているが、3基の衛星の打ち上げ計画が、予算削減で1基に減らされてしまった。
［JAXA］［電子航法研究所］

中国の衛星破壊実験が火をつけた衛星攻撃と防御問題

日本がいかに宇宙利用で足踏みをしていようとも、世界は宇宙空間の利用に積極的で、また日常生活から安全保障・軍事まで、あらゆる分野で不可欠のものとなった。相手がそれに依存度を高めるほど、その機能を妨害して相手の国家の基盤や軍事能力を弱体化させようとするのは戦略の基本である。簡単に言えば、相手の国の人工衛星を破壊するか、レーザーや電波で機能を妨害するという手段である。「宇宙戦」に他ならない。

　冷戦時代から、その軍事用途に衛星が重要な役割を演じるようになっていた米ソの間では、衛星を破壊するシステムの研究開発が行われてきた。ソ連は目標の衛星に接近して自爆する方法で破壊する「キラー衛星」や、目標の衛星に向けて多数の金属粒（ペレット）を放出する衛星、さらには地上から強力なレーザーを発射して衛星の機能を阻害するか、破壊する方法などの実験を行った。

　米国は「サテライト・インターセプター」を略してＳＡＩＮＴという計画名で対衛星（破壊）システムの研究計画に着手し、一九六〇年代にはソア中距離弾道ミサイルを使って核弾頭を宇宙空間で爆発させてソ連の衛星を破壊するＡＳＡＴ（対衛星）システム「プログラム４３７」の実験を行い、一九六四年から南太平洋のジョンストン島に実用型を実際に配備していた。しかし、宇宙空間で核弾頭を爆発させると、強力な電磁パルス（ＥＭＰ）の影響が広範

冷戦時代、米ソは衛星を破壊するASATシステムの研究開発を進めていたが、ソ連はその一つとして宇宙空間に金属粒を放出して衛星を破壊するペレット衛星を考えていた。［DoD］

囲に及び、自分（米国）まで被害を受ける可能性が大きいという点が問題となり、結局、この方式のＡＳＡＴの使用は一九七五年に停止されている。

ところがソ連はその翌年、一九七六年から前述のような目標の衛星と同じ軌道にキラー衛星を打ち上げる方式の実験を開始したため、米国も新たなＡＳＡＴシステムの研究開発に乗り出し、Ｆ-15戦闘機から宇宙空間の衛星に向けて小型ミサイル「ミニチュア・ホーミング・ヴィークル（ＭＨＶ）」（現在の弾道ミサイル迎撃方式と同じで、爆発式の弾頭を用いず、目標に直接命中して運動エネルギーで破壊するＫＥＫ型）を発射するＡＳＡＴを開発、一九八五年九月には実用を終えた米国の衛星を標的として破壊実験を行い、成功を収めた。しかし、宇宙戦のエスカレートや、衛星を破壊することで宇宙空間に破片（デブリ）をばら撒き、米国の衛星も危険になるという問題と、財政的な制約から、議会は実験の継続を禁じ、このＡＳＡＴ計画は一九八八年に中止となってしまった。

米国はF-15戦闘機から衛星迎撃ミサイルMHVを発射するASATの実験を行ったが、米議会の承認を得られず、開発計画は1980年代末に停止されている。
［USAF］

以後、宇宙空間での衛星破壊実験が行われたことがなかったが、二〇〇七年一月七日、中国は八五〇キロの軌道上にある、使用を終えた自国の気象衛星を標的に、地上から東風21型中距離弾道ミサイルを基にした衛星迎撃ミサイルを発射し、直接衝突方式で破壊する実験に成功したと発表した。

中国は2007年1月、自国の使用済み気象観測衛星FY-1（写真）を標的に、地上からミサイルを発射して破壊する実験を行い、宇宙の戦場化を進めはじめた。［CAST］

これは宇宙空間に大小二〇万個もの破片を撒き散らして、他の衛星や国際宇宙ステーションに危険を及ぼすとして、広く世界から批判を招く結果となった。しかし一方で、安全保障・軍事関係者の間では、米国をはじめとする他の多くの国の軍隊がその軍事作戦の基盤としている宇宙システム（衛星）を、中国が破壊する能力を持つようになり、同国が得意とする（あるいは「提唱している」）「非対称型の戦い」の一つとして、衛星を破壊する「宇宙戦」を挑んでくるのではという警戒感が急速に高まった。

中国が衛星破壊実験の目標とした衛星は定まった軌道を回っていて、その位置は正確にわかっていた。多くの衛星はそう簡単には軌道を変更することはない。したがって、ＡＳＡＴ用ミサイルのＫＥＫ型弾頭部が、高度八五〇キロの軌道にある衛星を宇宙空間で捕捉し、その縦一・五メートル、幅一メートル程度の衛星本体に直接命中させることができる技術を持つなら、いかなる高度の衛星であろうとも、後はその近くまでＫＥＫ型弾頭部を持って行ける打ち上げロケットの能力だけにかかる問題である。大型の打ち上げロケットを使うなら、高度三万五八〇〇キロの静止軌道上の（通信衛星や早期警戒衛星などの）衛星でも破壊できるだろう。また目標捕捉、精密誘導技術は、耐熱性などの技術的な難問があるにしても、基本的には、弾道ミサイルによる洋上の水上艦船を攻撃する兵器システム（対艦攻撃型弾道ミサイル）にも応用できる。

この衛星破壊実験を行う二年ほど前から、中国は米国の偵察衛星に対して地上からレーザー照射を行い、光学撮影装置の機能の妨害もしていたと、米国防総省は発表している。前述のように、冷戦時にソ連はこの種のＡＳＡＴシステムの実験をしていたし、米国も大出力レーザーによる衛星攻撃の可能性を研究していた。

さらに中国は、これもソ連が試みていた、自爆型衛星も研究しているのではないかと推測されている。平時から宇宙空間に「キラー衛星」を打ち上げておき、いざという時、目標の衛星に接近させ、自爆して破壊する方式で、この脅威に備えるためには、日頃から宇宙空間にどんな衛星が打ち上げられているかを詳細かつ正確に把握しておく必要がある。

これを「宇宙空間の状況把握（スペース・シチュエーショナル・アウエアニス：ＳＳＡ）」という。大型の衛星や、打ち上げロケットのブースターの燃え殻の脇に姿を隠しているキラー衛星があるかもしれない。米国は宇宙空間にどんな衛星や「物体」が存在するのかを正確に把握するために、いろいろなシステムを開発して配備してきた。だが、中国の衛星破壊実験を受けて、ＳＳＡの機能をさらに強化する必要性が認識され、宇宙空間の物体を一個一個、画像として精密に把握し、その用途を識別する目的衛星を打ち上げる計画に拍車がかかっている。宇宙空間に漂うゴミ（使用済みの衛星や破片、打ち上げロケットの燃え殻、衛星放出に使った爆発ボルトなど）は、衛星や宇宙ステーションにとって大きな脅威であり、日本も「平和利用」という観点だけからみても、この宇宙にある物体の識別計画に協力するか、日本独自で精密な宇宙の物体分布地図の作成を実施する価値がある。

中国の衛星破壊実験は、米国のみならず、欧州やイスラエル、インドなどの諸国にも、この種の脅威に対する自国衛星の防衛を真剣に考えさせるようになった。

その手段の一つに衛星自体の防護がある。ペレットのような小さな物体や破片に当たっても機能を停止しないような設計、構造、レーザーや高出力電磁波（マイクロウエーブ）照射を受けても機能を喪失しないセンサーの設計などであるが、元来、重量の制約条件が厳しい衛星に、「装甲板」を付けるのはあまり現実的な話ではない。

ここから、衛星が破壊されても、すぐに代わりの衛星を打ち上げる態勢を整える方が良いという考えも生まれている。一つの衛星に多機能を集中するのではなく、機能を小型衛星に分散する方式で、一基の小型衛星では実現できないような機能でも、複数の小型衛星を（宇宙空間の）情報ネットワークで結ぶ方法により、統合的な形で所要の機能を発揮させようというものである。日本でも、これまでは大型多目的衛星をH-ⅡAという大型ロケットで打ち上げるという方式を主流としてきたが、このやり方に対する反省が生まれている。生まれてはいるのだが、しかし具体的な方策となると、二〇〇八年中期現在、何もないというのが実態である。

もしGX計画が実現しても、打ち上げ場（ロケット発射場）が種子島の大中小三つの発射台しかないし、周辺漁業組合との協定による発射ができる日数は年間の約半分、最大で一九〇日しかない。

日本は種子島以外に宇宙ロケットの打ち上げ基地がないが、米露などの国が協同で運用している海上発射基地「シー・ローンチ」方式を（写真はその発射光景）応用するなら、発射場の確保も難しくはない。
［Moss Maritime］

これでは小型の衛星を迅速に打ち上げるという態勢の実現は難しい。米・露・ウクライナ・ノルウェーの共同による海上打ち上げ施設（シー・ローンチ）方式を日本も考えるとか（例えば、メガフロートの応用などもあろう）か、インドネシアのような赤道に近い国の協力を得て発射場を設ける、とかいった方式を工夫すればよいのだが、そのような具体的な計画は（二〇〇八年中期時点では）まだない。

日本にもある衛星破壊能力

中国の衛星破壊能力実証実験に対応して、欧米諸国ではこちらも衛星破壊（ＡＳＡＴ）能力を持つべきだとする声も小さくはない。ただし二〇〇八年中期時点では、ＡＳＡＴシステムの開発や配備計画を具体的に表明した国はない。せいぜい前述のＳＳＡ能力を強化して、自国ないしは同盟国の宇宙システム（衛星）に対する脅威が迫っていることを、なるべく早く探知し、警戒できるようにする能力（例えば、軌道を変更するなど）を高めるといった「穏やかな」、あるいは「受身の」方策が打ち出されているにすぎない。

その理由には、中国のＡＳＡＴのような撃破ないしは機能を妨害・喪失させるシステムの開発を意図していても、それは現在の世界では強い反発を招きかねないという政治上の判断がある。そのため、密かにＡＳＡＴの保持を計画している国があるとしても、自らそれを公言する可能性は少ない。むしろ（本当にその能力を持っているなら）秘密にしておいて、必要な時に能力を発揮して、相手（敵）をあわてさせるほうが効果的である。

しかし、そのためには、「必要な時に能力が発揮できる」かどうか、実験をしておく必要がある。だが実験をすれば、中国の例に見られるように、その意図と能力がある事実がわかってしまう。米露のように、既に冷戦時代にある程度の技術を確立し、また現在でも弾道ミサイル防衛のようなＡＳＡＴにも応用できる技術の実証実験を行っている国なら、短時間で、あるいは既存のシステムの簡単な改造でＡＳＡＴ能力を具体化できるだろう。

米国はすでにその能力を持つ事実を実証して見せた。

二〇〇八年二月二〇日に、打ち上げに失敗して大気圏に突入しそうな米国家偵察室（ＮＲＯ）の秘密衛星（宇宙空間にある物体の識別カタログ番号ＵＳＡ１９３としてのみしかわからず、その具体的な用途は公表されていない）を、弾道ミサイル迎撃能力を持つ米海軍のイージス巡洋艦「レイク・エリー」からスタンダードＳＭ‐３迎撃ミサイルを発射して、宇宙空間で撃破することに成功した。この衛星には毒性があるヒドラジンという、姿勢制御・軌道変更用のロケット燃料が大量に積まれていて、衛星が大気圏に突入する時に分解して、ヒドラジンを大気中に散布する危険がある。そこで大気圏突入前に衛星を破壊しておいて、地表には害が及ばないようにするというのが米国の説明であった。

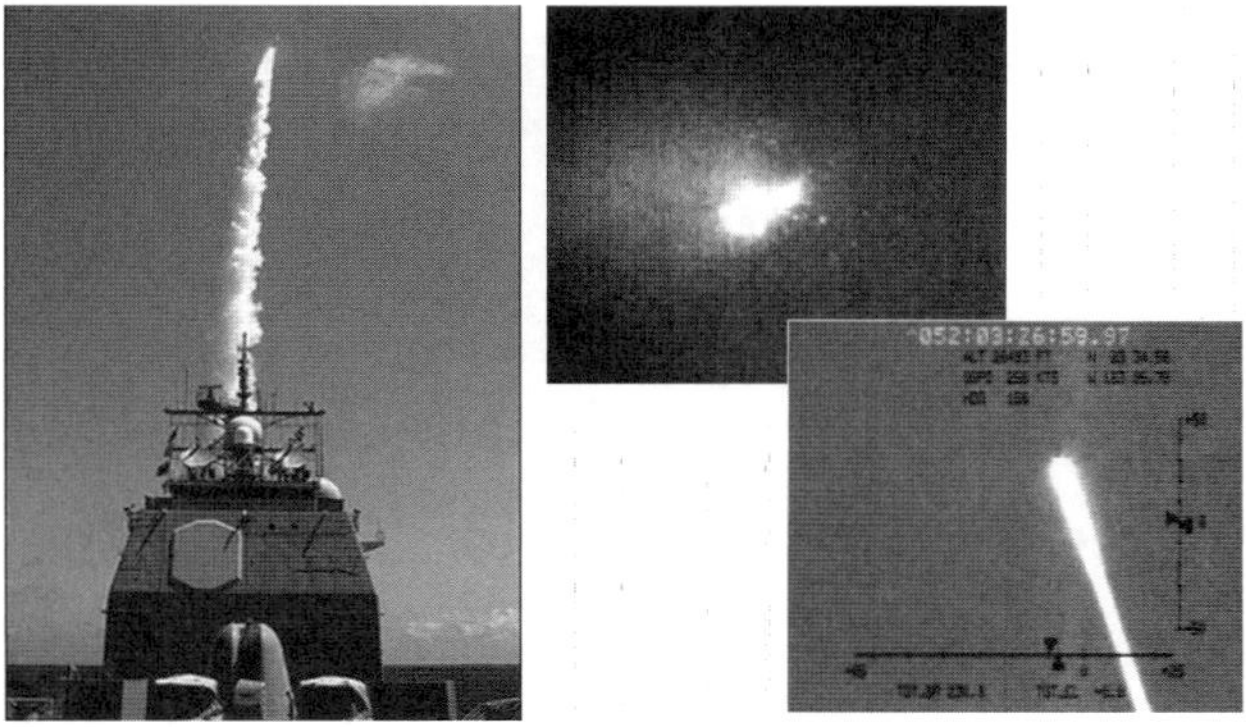

2008年2月、米海軍はイージス巡洋艦「レイク・エリー」から、スタンダードSM-3を改造した迎撃ミサイルを発射し、軌道投入に失敗した偵察衛星の破壊を行った。（写真はレイク・エリーからのSM-3発射〔左〕と、衛星破壊時の赤外線画像）
［MDA］

実際は、衛星の一部が分解しきれずに地上に落下した場合の危険性や、衛星の構造が外国にわかってしまう懸念を排除するなど、他にもいくつかの目的があったのではという推測もなされている。その中には、衛星の危険を除去するためという名目の下に、（中国の衛星破壊実験に対抗して）米国のＡＳＡＴ能力を実証して見せたのではないか、ないしは能力の確認実験を行ったのではないかというものがある。

米国はこの衛星撃破は被害を未然に防ぐためのもので、それに利用できるスタンダードＳＭ-３弾道ミサイル迎撃ミサイルを使っただけにすぎず、一回限りのものでしかないとしている。この撃破に当たり、改造したのはイージス・システムとＳＭ-３のソフトウエアだけで、四五日間で完成したという。三発の衛星撃破用に改造されたSM-3が用意されたが、最初の一発で成功したので、残りの二発は使われず、元の弾道ミサイル迎撃用に戻された。

だが、この衛星撃破により、イージス艦から発射されるスタンダードSM-3ブロックIA型迎撃ミサイルが、高度二四六キロにある衛星を直撃できる能力を持つことが実証された。通常、SM-3ブロックIA型迎撃ミサイルが、中・短射程弾道ミサイル（の弾頭）を迎撃する場合の迎撃高度は、その半分以下である。このブロックIA型は、海上自衛隊の弾道ミサイル迎撃能力を持たせる改造（イージスBMD改造）を施したイージス護衛艦にも搭載されている。イージス・システムやSM-3のソフトウエアを、日本がどこまで独自に改造できるのかはわからないが、もし米国が許可するなら、あるいは米国の技術支援を得られるなら、日本も、少なくとも高度二五〇キロ程度の低軌道を回る衛星（例えば偵察衛星）を撃破できる能力を持てるようになる。

さらに第1章で述べた、日米で共同開発中のスタンダードSM-3ブロックⅡAという迎撃ミサイルは、ブロックIA型や、そのセンサー能力を強化するIB型よりも遥かに遠方・高高度で弾道ミサイルの迎撃ができるから、この型を使えば、おそらく四〇〇キロか、それ以上の軌道にある衛星も破壊できるだろう。イージス弾道ミサイル防衛システムの装備により、日本も基本的に、あるいは潜在的には、衛星破壊、つまり宇宙戦を実施できる能力を持ったことになる。それを（米国と協議して、あるいは日本独自に）どのように使うか、あるいは使わないようにするのかは、日本国民の判断に委ねられている。

虚虚実実のサイバー戦

イージス／スタンダード弾道ミサイル迎撃システムのように、基本的には衛星破壊能力があるのだが、政治的配慮から、また軍事的にも、その手の内を明らかにしないほうが得策という判断から、実際はどの程度のことが可能なのかを秘密にしている軍事分野の一つとしてサイバー戦がある。

サイバー戦の定義は広く、また各種の内容があるのだが、コンピュータと通信回線（それには有線だけではなく、衛星通信やマイクロウエーブ通信などの無線通信回線も含まれる）で形成されるサイバー空間を巡っての（あらゆる種類の）戦いと考えればよい。

一般的には、ハッキングとか、コンピュータウイルスの投入、あるいは特定のウエブサイトに対して同時に多数のアクセスを行ったり、大量のデータ（メールなど）を送りつけて機能を停止させたりするＤｏＳ（サービス拒否）攻撃、それをウイルスなどを使って乗っ取った多数の他人のコンピュータから、同時に実施する「ボット（Ｂｏｔ）」と呼ばれる攻撃方法などが知られているが、実際には軍事的なサイバー戦ではもっといろいろな方法がある。

例えば、相手のネットワーク・システムに偽の情報（データ）を送り込む方式である。これはマイクロウエーブ通信のような回線なら、そのアンテナ（ディッシュ）の脇から電波が漏れ出る隙間（サイドローブという）、ないしは「穴」を利用して、簡単にデータ（信号）を投入できる。攻撃対象のネットワーク・システムの内容（アーキテクチャー）がわかっているなら、どのような情報を流せば、どのような結果が生まれるかは比較的容易に予想できるし、実行できる。

この種の攻撃が実施された事実が最初に知られた（明らかになった）のは、一九九九年のコソボの独立運動に関連してNATOがユーゴスラビアに空爆作戦を行った時であった。この作戦で、米空軍はユーゴ軍の防空システムに偽の情報を送り込み、レーダー画面やコンピュータ・ディスプレイ上に、実際には存在しないNATO軍機が飛来するような情報を映し出し、その対応にユーゴ軍が追われている間に、別の方向から航空部隊を侵入させるという作戦を実施したといわれる。具体的な詳細に関してはいまだに明らかにされていないが、コンパス・コールやコマンド・ソウロウといったC-130輸送機を改造した通信傍受、妨害を専門とする航空機から、ユーゴスラビア軍の防空指揮システムのマイクロ

1999年のユーゴスラビア爆撃の際、米空軍はEC-130コンパス・コール電子戦機（上）を使って、ユーゴスラビア軍の防空システムに偽の情報を電子的に侵入させ、軍の対応を混乱させたといわれる。（写真下はコンパス・コールの機内）　［USAF］［DoD］

ウエーブ通信回線内に偽データを送り込んだのでは、と推測されている。

このような偽情報の投入はイラク戦争でも、イラク軍の防空システムや指揮統制システムに対して行われたといわれるが、二〇〇八年中期現在では、まだ具体的な内容は明らかにされていない。しかし、この種のサイバー攻撃手法はかなり実用化が進んでいるようで、二〇〇七年九月六日に実施された、イスラエル空軍によるシリアのディエル・エッ・ソール郊外、アル・キバルに建設中の北朝鮮型黒鉛減速炉を爆撃、破壊する攻撃作戦において、シリアの防空システムを無力化する手段の一つとして利用されたといわれる。

原子炉爆撃の直前、イスラエル空軍はトルコとの国境近く、タル・アル・アブアドの防空レーダー・サイトを攻撃（電子的な攻撃、例えば妨害電波の照射と精密誘導兵器による破壊が併用されたという）し、そこで開いた防空警戒網の穴から爆撃部隊（Ｆ-15Ｉ戦闘爆撃機）が侵入して行ったと伝えられる。

このレーダー・サイトへの攻撃と並行して、シリアの防空システムに対して偽情報の投入、ないしはデータ操作（マニピュレイション）が行われて、防空作戦を混乱させたともいわれる。シリアの防空システムは、イスラエルを除けば、中東諸国で最も強力とされる。しかし、旧ソ連の防空システムの方式を基本とする中央集中管制型で、通信回線もＨＦ及びＶＨＦ通信が主体であるために、偽情報の投入や防空システムの内部に電子的に侵入するのは容易であったという。シリアの防空ネットワークへの侵入は、

2007年9月、イスラエルはシリアに建設中だった原子炉を爆撃した際、シリア軍防空システムの弱点を調べあげ、電子妨害や防空システムに対する偽情報を投入してシリアの防空能力を混乱させた。その後、爆撃を行う戦闘爆撃機が侵入し、攻撃後、全機が無事脱出したという。（写真は爆撃前のシリアの原子炉施設と、爆撃後にきれいに瓦礫が片づけられた状況を示す衛星写真）　[ISIS]

ＥＬ／Ｉ-３００１電子戦機（ＳＩＧＩＮＴ機）のような航空機からと、インターネットのようなコンピュータ・ネットワークからの双方で行われたらしい。

　この種の電子的な侵入攻撃を防ぐには、ネットワーク管理とソフトウエアによる方法が基本だが、同時に、無線通信やマイクロウエーブ通信のような比較的侵入が容易な通信方式への依存度を少なくして、有線通信回線、それも傍受がし難い光通信にするなどの配慮が必要とされる。しかし、ＮＣＷで移動しながらネットワークを構成するには、無線通信方式に頼らざるをえない。そのため、高い周波数の衛星通信を用いるなどの、妨害や侵入防止に強い通信方式を主力にする必要がある。

シリア軍の防空システムの弱点調査や、電子妨害、偽情報の投入に使われたといわれる、G550ビジネス・ジェット機を基にしたイスラエル空軍のEL/I-3001SIGINT機（上）とその機関。［IAI］

エストニアの教訓

コンピュータ・ネットワークに対する攻撃をCNA、その防衛をCNDと略記するが、この二つは表裏一体のものである。またどこまでが攻撃で、どこまでが防衛かという区分も難しい。軍事の基本に、「攻撃は最良の防備」という言葉があるが、これはサイバー戦でも変わらない。サイバー空間でも、攻撃源をこちらから攻撃して、その能力を失わせるのが攻撃を防ぐ防御として最も効果的な方法である。

2007年4月、ソ連軍兵士銅像の移転に端を発するエストニアとロシアの摩擦から、エストニアは大規模なサイバー攻撃に見舞われ、その政府機能や社会インフラは長期にわたって混乱させられた。［USAF］

ところがその攻撃源を「ある程度」特定できても、最も根源的な攻撃元まで特定するのは難しい。例えば二〇〇七年四月にエストニアが見舞われたサイバー攻撃である。同国がソ連邦に組み入れられていた時代に建設された、第二次世界大戦におけるソ連軍の勝利を記念するソ連兵士の銅像を移設したのが理由と推測されるが、四月二七日からDoS攻撃が始まり、大統領官邸、議会、政党の本部や支部、銀行、メディア、通信会社のウエブサイトが三週間にわたって攻撃された。エストニアは「Ｅ-ｓｔｏｎｉａ」と自ら名乗るほどＩＴ立国化の政策を進め、電子政府化で政府機関はほとんどすべてペーパーレス業務となっているし、国政選挙にもネット投票方式が導入されている。そのネットワーク化に伴う脆弱部分が狙われてしまった。政府機能が阻害されたのはもとより、銀行や携帯電話などのサービスも停止し、社会生活と国民の安全が大きな危険に晒される結果になった。

エストニア政府がこのサイバー攻撃の発信源を調べると、ロシアからのインターネットを介したものが主であったために、ロシアとの回線を遮断したが、「ボット」によるＤＤｏＳ（分散型ＤｏＳ）攻撃を完全に阻止することはできなかった。同国がＮＡＴＯのメンバーである点から事態を重視したＮＡＴＯは、エストニアに専門調査チームを派遣し、従来のＮＡＴＯ加盟国に対する物理的な攻撃のみならず、サイバー空間からの電子的な攻撃もＮＡＴＯ全体に対する攻撃と考え、加盟国全体で対応する政策を導入する検討に着手した。またＥＵはロシアとの首脳会談で、この問題を取り上げている。

しかし、ロシア政府としては、エストニアに対するサイバー攻撃の実施を認めてはいない。実際、このサイバー攻撃がロシアの軍や治安機関、情報機関といった政府組織による攻撃であるという証拠は掴めなかった。またロシアからのインターネットを介した攻撃である点はわかっても、攻撃元の探索が可能なのはロシアにあるサーバーまでで、その先にある個々のボットで乗っ取られたコンピュータまではなかなか特定できない。ボットで乗っ取られたコンピュータもロシア国内のものだけとは限らず､多くの国にまたがる。実際、エストニアに対する攻撃では、ベトナムのコンピュータが利用されたという。

では、その判明した攻撃元であるサーバーを、こちらから電子的に攻撃して機能を停止させてしまってよいのかというと、これが難しい。件のサーバーがその攻撃だけに使われている場合はほとんどない。一般にインターネットのサーバーはいろいろなサービスのノード（節）として機能しているから、それを停止させてしまうと、無関係の人や会社、国にまでも大きな迷惑をかけてしまう。通信衛星に対する攻撃と同様な問題である。

かと言って、攻撃されっぱなしで、対処防衛だけしか行わないのでは絶対的に不利だから、少なくともその特定できた攻撃発信に使われているサーバーだけでも機能を停止させたい。これを実行してよいものか、どんな条件がそろった時にどこまでできるのか、世界では（二〇〇八年中期現在で）まだ具体的な論議はされていないし、もちろん、それを規制する国際的な取り決め、例えばジュネーブ四条約の一つとして知られる、「陸戦ノ法規慣例ニ関スル条約」のような、「サイバー戦では何をしてよく、何をしてはいけないか」を定めた国際的な合意などは存在しない。むしろ、現在の世界では、そのような面倒な、そしておそらく現実的な合意が成立しそうもない国際的な取り決めを定めるよりも、むしろ暗黙のうちに、ネットワークでの攻撃ができる技術を持つ国や軍隊は、必要ならそれを行える態勢を作っておいた方がよい、と考えられているように見える。

防御手段としてのサイバー攻撃を可能にさせる体制

米国防総省は陸海空・海兵隊四軍を統合運用するユニファイド・コマンドの中に、「サイバー・コマンド」を新設する方針を打ち出している。第一段階として米空軍にサイバー・コマンド（ＡＦＣＹＢＥＲ）を創設、二〇〇八年三月から第24空軍の組織の一つとして、四つのサイバー戦ウイング（航空団）を開設した。その役割は「各種の電子的な攻撃と防衛を行う部隊」とされ、「攻勢的（オフェンシブ）なサイバー攻撃」も任務に含まれるという。具体的な攻撃内容や能力に関しては秘密とされているが、二〇〇八年七月に新たな「サイバー戦ドクトリン」が制定された。ただ公表されている部

サイバー空間を巡る戦いの重要性が飛躍的に大きくなってきたため、米軍は戦略軍や太平洋軍に相当する四軍統合軍としてサイバー・コマンドの新設を決め、その第一弾として、2008年3月に第24空軍の傘下にサイバー・コマンドを創設した。［USAF］

分は、きわめて抽象的なものでしかない。

自衛隊は二〇〇八年三月二六日に、防衛大臣直属の「指揮通信システム隊」（当面の勢力は約一六〇人）を発足させた。この部隊は三自衛隊の統合運用を情報・通信分野で支えるのが主任務とされ、それには中央指揮所や防衛情報通信基盤（ＤＩＩ）の維持管理、及び外部から防衛省のサイバー攻撃に備える態勢を整えるなどが含まれている。各自衛隊には陸上自衛隊のシステム防護隊や海上自衛隊のシステム通信隊群のように、コンピュータ・ネットワーク・システムを防衛、研究する組織があるが、指揮通信システム隊は三自衛隊と防衛省全体の情報システム（ネットワーク）の維持と防衛に当たるとされる。

また二〇〇八年度の防衛予算において、技術研究本部の重要施策の中に「高度な情報体制・情報通信態勢の構築」として、「サイバー攻撃を仕掛けてくる攻撃元や踏み台（ボット攻撃のこと）を探索・無力化し、ネットワークを復旧させるアクティブ防御技術の研究」が掲げられている。「無力化」「アクティブ防御」という用語が用いられているところを見ると、かなりな程度の「攻勢的なサイバー攻撃」技術手段の研究も含まれるのだろう。

しかし、その詳細が公表されることはないだろう。敵の攻撃を防ぐためには、攻撃の手法を知らねばならず、それは必然的に、こちらの攻撃手段にも使えるようになる点を意味する。逆に言えば、「攻勢的サイバー攻撃」を禁じるような自制をかけてしまうのでは、効果的なサイバー空間の防衛はできないという話にもなる。

そのために十分な予算と人材を配するかは、サイバー空間の利用の重要性をどれだけ認識しているかの尺度ともなる。逆に、予算や人員を具体的に公表するのは、日本のサイバー戦（攻撃だけではなく、防御も含めて）能力をある程度推し量れる結果になりかねない。

このように、サイバー戦に限らず、安全保障や軍事の分野では、基本的にはすべての情報を国民に公開して報告すべきであるはずの民主主義国家としては、その基本を守ろうとすると、かえってこちらの弱点を増やしてしまうという痛し痒しの部分がある。本来ならば国民すべてを対象として、情報共有の権利を保障すると同時に、国民と国（国家）の安全に不都合となるような情報を、一定期間秘密にできるようにさせる法的基盤（情報基本法）を定めた上で、例えば、国会において安全保障委員会のような組織の（限定した）メンバーには、予算や人員構成を報告して承認を得るといった体制（制度）が必要なのだが、我が国ではまだ情報基本法を制定しようとする具体的な動きすらない。

サイバー攻撃を受けた時、必要と判断されるなら攻勢的なサイバー攻撃を実施でき、その実施に（違反がない限り）譴責（けんせき）されることがないという法的基盤を整えない限り、効果的なサイバー空間の防衛は難しいだろう。宇宙空間の利用と同様に、この分野でまだ我が国の、政治家、政府関係者、国民の認識は低いように思われる。

おわりに

本書では核兵器を初めとする「大量破壊兵器」の開発や運用能力、あるいは「非対称型の戦い」の一つとされるゲリラ戦やテロ攻撃を実施する能力は取り上げなかった。

現在、そして予見できる将来の世界情勢を見るなら、これらの能力を日本が持つのは現実的ではないし、日本の国益からも決して得にはならないと言えるからである。

大量破壊兵器のうち、生物・化学兵器に関しては、その保有、使用を禁じる条約があり、日本も調印し、批准しているが、条約による制約は別としても、軍事的に生物・化学兵器は運用（使用）面からも使い難い。特に生物兵器は使い勝手が悪い。化学兵器はどこまで「兵器」とするか（例えば暴動制圧用の催涙ガスは化学兵器とすべきか）について、各国や軍隊、警察などで解釈が分かれているが、少なくとも、化学兵器禁止条約で規定されている種類の毒ガスを使う能力は保持すべきでないだろう。

だが、生物・化学兵器に対する防衛・防護能力となると話は別である。こちらが生物・化学兵器を持たなくても、相手はそれで攻撃してくるかもしれないし、現実にテロ攻撃では生物・化学兵器に類別される種類の生物剤や化学剤が使用された例がある。そのために、常に生物剤や化学剤攻撃に対する防衛・防護手段の研究を行い、装備を持ち、訓練を実施している必要がある。日本は「地下鉄サリン事件」で、この分野の技術、装備、訓練の必要性を認識し、自衛隊だけでなく、警察、消防、自治体などが、日頃からかなりの規模で防衛・防護、対処の努力を行っている。ただし防衛を行うには、その攻撃手段の実態、つまり敵を知ることが必要で、それは生物剤や化学剤を作れる能力も持たねばならない。問題はどれだけ多くの量の生物剤、化学剤を生産、貯蔵し、それを効果的に投入する手段を有するかであって、生物・化学兵器禁止条約では、研究目的を超えるような量、規模での生物・化学兵器の貯蔵、投入手段の保持を禁じている。

防衛のための研究が難しいのが核兵器である。核兵器の開発、製造に必要とされる技術や材料を研究しようとするなら、それは核兵器保有の知識を持つことに他ならないから、いつでも核兵器を持てるようになるからという理由で、世界の主流としては核兵器の研究すら禁じている。日本は核廃絶を国是としているが、核兵器を廃絶するための技術的な方策を提示できるような知識を持っていないため、既に核兵器を開発・保有している米英仏露中国の主導に任せるしかない。日本が核廃絶ないしは核軍縮でできることは、核保有国が主張する核兵器関連技術、材料の規制に同調する以外には、核兵器保有国に削減を訴え、それが実現するなら、解体した核弾頭や運搬手段の数を世界に公表するようにといった「提案」（二〇〇八年四月二八日から五月九日までジュネーブで開催された核不拡散条約再検討会議で、日本が提案した核軍縮案の骨子）くらいしかできず、有効な技術的拡散防止手段の実現を主導できないのが現実である。

現在の、そしてこれも予見できる将来の世界において、核兵器がなお厳然として大きな政治的、軍事的影響力を持ち続けるであろう点は明白であろう。それだからこそ、世界の多くの国が核兵器廃絶に基本的に賛成しながら、既存の核兵器保有国は核兵器を手放そうとしないし、世界の目から隠れても核兵器を保有しようとする国が跡を断たない。北朝鮮の核兵器保有計画は、北朝鮮を、彼らが信じる生き残り戦略、すなわち米国との二カ国直接交渉による生存保障の取りつけという目的に着実に近づかせているように見える。

だが、「唯一の被爆国として、核兵器の廃絶は国是」という感情は別としても、現在、そして予見できる将来の世界の中で日本が核兵器保有に動くことは、どのように見ても得策ではない。石油エネルギーの一〇〇パーセント、（カロリーベースで）食糧の六〇パーセント以上を世界からの供給に依存し、米国との強い経済関係という条件だけを見ても、日本の核兵器保有がいかに非現実的であるかがわかるだろう。北朝鮮が核実験を行った時、日本国内でも核兵器保有の選択肢を、と論じる声が出たが、現実性はない。核兵器を持とうと思えば持てる（だけの技術と材料はある）という基本的能力を、外交で利用するという手段もないわけではないが、それには相当に巧みな外交手腕が必要とされ、同時に、下手をすると日本は世界から孤立し、国民の生活は悲惨なものになるかもしれないという覚悟を国民ができる、という前提が必要である。

ゲリラ戦は古来より戦いの一手段であるが、これも、それを実施するには国民全体の強い覚悟が必要であり、基本的にはゲリラ戦とは、その国の内部で行うものであるから、現在の日本の状況を考えるなら、日本が国内でゲリラ戦を行うようになってしまっては終わりで、それ以前に、そうならないような軍事的能力（抑止力）を保持することが先決だろう。ただし、相手がゲリラ戦を仕掛けてくる可能性はあるので、特に都市部において敵のゲリラ活動に対して対応できる能力を自衛隊は有しておく必要はあるし、既にそのための装備や訓練は行われている。

同様にテロ攻撃も、日本が国家として、また自衛隊としてとりうる手段ではない。テロリズムの定義は難しいが、少なくとも、まともな国家が行う軍事的手段ではない。これもテロ攻撃に対応する能力を備えるべきであって、自衛隊が積極的にテロ攻撃を行えるものではない。このテロ攻撃に対する訓練や装備も行われている。

本文各章で述べた五つの能力、さらに宇宙戦とサイバー戦を各々独立したものとして考えるなら六つの能力について、本書は我が国（自衛隊）がそのすべてを持つべきだと主張するものではない。

しかし、現在、そして予見できる世界情勢において、これらの能力が必要とされているのは事実である。そうした能力を持つ、持たないは、その国民の判断に任せられるものだが、「はじめに」でも述べたように、脅威に直面しているのに、あるいはその脅威に直面することが予想されているのに、それに対応する能力を持たないというのでは、初めから脅威に屈してしまう結果になる。

また、保有したくても経済的事情でできない場合は別として、自ら持つべきではないと判断したことが世界の求めるものと合致しないなら、それは世界に対する役割、義務の回避と受けとられても仕方がない。パワープロジェクション能力のように、「世界が求めている」機能を具備する能力を保持しないというのは、一面では世界に対する義務の回避でもある。それを覚悟の上で、あるいは、それによる国や国民が被る(こうむ)であろう不利益も計算の上で判断すべきであり、単に「武力は悪である」、「軍事力などなくすべきだ」といった概念や独特の価値観だけから国の方策を決めるべきではない。

一方、北朝鮮の核ミサイルの脅威が現実のものとして認識されるようになった時に、一部の国民から出たような、日本も（北朝鮮の）弾道ミサイルの発射基地を攻撃できる能力を持つべきだという主張も、それが現実には、技術的にいかに難しいものであるかを知らなければ、保有すべきか否かの議論にもならない。

現実的判断を為すためには現実の情報が必要だが、それに本書の内容が少しでも資することができるなら、著者としてこれに勝る喜びはない。

なお、本書の執筆において、資料の整理、図版の作成や準備、さらには校正作業などで妻の裕美子から多くの助力を得た。彼女の協力なくして、本書は上梓（じょうし）し得なかったであろう。末尾を借りて裕美子の協力に厚く感謝の意を表したいと思う。

二〇〇八年八月一七日

江畑謙介

著者略歴

江畑謙介（えばた　けんすけ）

1949年生まれ。1981年、上智大学大学院理工学研究科博士後期課程修了。1983年～2001年、英防衛専門誌「ジェーンズ・ディフェンス・ウイークリー」の通信員。1992年より通産省産業構造審議会「安全保障貿易管理部会」臨時委員。1995年、スウェーデンのストックホルム国際平和研究所（SIPRI）客員研究員。1999年より、防衛庁防衛調達適正化会議（現、防衛省防衛調達審議会）議員（現職）。2005年4月より、内閣官房「情報セキュリティ政策会議」有識者会議構成委員（現職）。2005年より、拓殖大学海外事情研究所客員教授（現職）。

著書は『軍事とロジスティクス』『情報テロ』（以上、日経BP社）、『日本の防衛戦略』『自衛隊の新しい任務と装備』（以上、ダイヤモンド社）、『情報と国家』『最新・アメリカの軍事力』『日本の軍事システム』『日本の安全保障』『アメリカの軍事戦略』（以上、講談社現代新書）など。

青春新書
INTELLIGENCE

こころ涌き立つ「知」の冒険

いまを生きる

"青春新書"は昭和三一年に——若い日に常にあなたの心の友として、その糧となり実になる多様な知恵が、生きる指標として勇気と力になり、すぐに役立つ——をモットーに創刊された。

そして昭和三八年、新しい時代の気運の中で、新書"プレイブックス"にその役目のバトンを渡した。「人生を自由自在に活動(プレイ)する」のキャッチコピーのもと——すべてのうっ積を吹きとばし、自由闊達な活動力を培養し、勇気と自信を生み出す最も楽しいシリーズ——となった。

いまや、私たちはバブル経済崩壊後の混沌とした価値観のただ中にいる。その価値観は常に未曾有の変貌を見せ、社会は少子高齢化し、地球規模の環境問題等は解決の兆しを見せない。私たちはあらゆる不安と懐疑に対峙している。

本シリーズ"青春新書インテリジェンス"はまさに、この時代の欲求によってプレイブックスから分化・刊行された。それは即ち、「心の中に自らの青春の輝きを失わない旺盛な知力、活力への欲求」に他ならない。応えるべきキャッチコピーは「こころ涌き立つ"知"の冒険」である。

予測のつかない時代にあって、一人ひとりの足元を照らし出すシリーズでありたいと願う。青春出版社は本年創業五〇周年を迎えた。これはひとえに長年に亘る多くの読者の熱いご支持の賜物である。社員一同深く感謝し、より一層世の中に希望と勇気の明るい光を放つ書籍を出版すべく、鋭意志すものである。

平成一七年

刊行者　小澤源太郎

読者のみなさんへ

この本をお読みになって、特に感銘をもたれたところや、ご不満のあるところなど、忌憚のないご意見を当編集部あてにお送りください。

また、わたくしどもでは、みなさんの斬新なアイディアをお聞きしたいと思っています。「私のアイディア」を生かしたいとお思いの方は、どしどしお寄せください。これからの企画にできるだけ反映させていきたいと考えています。

採用の分には、記念品を贈呈させていただきます。

なお、お寄せいただいた個人情報は編集企画のためにのみ利用させていただきます。

青春出版社　編集部

日本(にほん)に足(た)りない軍事力(ぐんじりょく)

青春新書 INTELLIGENCE

2008年9月15日　第1刷

著者　江畑謙介(えばたけんすけ)

発行者　小澤源太郎

責任編集　株式会社プライム涌光

電話　編集部　03(3203)2850

発行所　東京都新宿区若松町12番1号 〒162-0056　株式会社青春出版社

電話　営業部　03(3207)1916　振替番号　00190-7-98602

印刷・錦明印刷　製本・豊友社

ISBN978-4-413-04211-6

大増刷出来 **岡野雅行**著 のベストセラー

青春新書
INTELLIGENCE

人生は勉強より「世渡り力」だ!

腕〈スキル〉を生かす人づきあいの極意

- ●人に「あいつは面白い」と思われるには?
- ●何倍にもなって返ってくるお金の使い方
- ●「前例がない」を盾にとる人や、ナメてくる人をギャフンと言わせる etc.

朝日新聞(読書欄書評)、フジテレビ『とくダネ!』土井英司氏メルマガ(ビジネスブックマラソン)などで続々紹介、大反響!

ISBN978-4-413-04204-8 750円

※上記は本体価格です。(消費税が別途加算されます)
※書名コード(ISBN)は、書店へのご注文にご利用ください。書店にない場合、電話またはFax(書名・冊数・氏名・住所・電話番号を明記)でもご注文いただけます(代金引替宅急便)。商品到着時に定価+手数料をお支払いください。
〔直販係 電話03-3203-5121 Fax03-3207-0982〕
※青春出版社のホームページでも、オンラインで書籍をお買い求めいただけます。ぜひご利用ください。〔http://www.seishun.co.jp/〕

お願い ページわりの関係からここでは一部の既刊本しか掲載してありません。折り込みの出版案内もご参考にご覧ください。